Carl Werner Müller · Otto Jahn

Carl Werner Müller

Otto Jahn

Mit einem Verzeichnis
seiner Schriften

Springer Fachmedien Wiesbaden GmbH 1991

Die Deutsche Bibliothek – CIP-Einheitsaufnahme

Müller, Carl Werner:
Otto Jahn: mit einem Verzeichnis seiner Schriften /
Carl Werner Müller.
ISBN 978-3-663-12280-7 ISBN 978-3-663-12279-1 (eBook)
DOI 10.1007/978-3-663-12279-1

Ursprünglich erschienen bei B. G. Teubner Stuttgart 1991
Softcover reprint of the hardcover 1st edition 1991

KARLHEINZ KOST

ΤΩΙ ΜΟΥΣΙΚΩΙ

Inhalt

Verzeichnis der Abbildungen 8

Vorbemerkung 11

Otto Jahn 1813 – 1869 15

Otto Jahns Schriften 45

I. Monographien, Ausgaben, Sammelbände .. 45

1. Philologie, Altertumswissenschaft 45

2. Archäologie 48

3. Musikwissenschaft 52

4. Deutsche Literatur, Biographisches ... 54

II. Aufsätze zur Altertumswissenschaft 55

III. Briefe 84

Literatur zu Otto Jahn 85

Verzeichnis der Abbildungen

Seite 19
Jahn in Greifswald 1847. Ölgemälde von Wilhelm Titel, nach: O. Schmitt – V. Schultze, Wilhelm Titels Bildnisse Greifswalder Professoren. Greifswald 1931, Tafel 27.

Seite 23
Haupt, Mommsen, Jahn vor einer Goethebüste. Photographie Leipzig 1848. Bildarchiv Preußischer Kulturbesitz 58/6042.

Seite 27
Jahn in Bonn. Ölgemälde (nach einer Photographie) von Willy Faßbender um 1929 im Philologischen Seminar der Universität Bonn, nach Hans Herter in: L. Wickert, Theodor Mommsen – Otto Jahn. Briefwechsel 1842 – 1868. Frankfurt/ M. 1962, Tafel II.

[Vgl. C. W. Müller, Rheinisches Museum 132 (1989) 223f.]

Seite 31
Otto Jahn in Bonn. Photographie um 1860, nach E. Petersen, Otto Jahn in seinen Briefen. Leipzig 1913.

Seite 37
Titelblatt des 4. Teils des Versteigerungskatalogs von Jahns Bibliothek (Bonn 1870) mit dem Exlibris von Ludwig Richter.

Vorbemerkung

Die Beschäftigung mit Otto Jahn reicht in die Anfänge meiner Bonner Studienzeit zurück. Sein Porträt in Wolfgang Schmids Direktorenzimmer und gelegentliche Bücherfunde in der Seminarbibliothek mit dem Jahnschen Exlibris von Ludwig Richter erschienen dem Studenten als Spuren der Geschichtsträchtigkeit des gewählten Studienortes. Der philologische Lehrbetrieb – traditionsbewußt und gediegen – bot wenig Anlaß zu Enthusiasmus; um so bereitwilliger erwärmte man sich bei dem Gedanken, daß hier einst Nietzsche und Wilamowitz studiert hatten. Den großen Streit aus nichtigem Anlaß zwischen Jahn und Ritschl, den die Professoren noch immer als Makel der Seminargeschichte zu betrachten schienen (man sprach lieber von Usener und Bücheler), las ich in der Darstellung von Otto Ribbecks Ritschl-Biographie. Was Wunder, daß ich ein Ritschlianer war. Sich mit Nietzsche im gleichen Lager zu wähnen war nicht unangenehm. Schmid äußerte beiläufig seine Sympathie für das Paradoxon, daß der Genialische nicht dem ἀνὴρ μουσικός, sondern dem Meister der philologisch-kritischen Methode gefolgt war. Nachdenklichkeit stellte sich erst Jahre später ein, als ich beim Lesen von Nietzsches Briefen entdeckte, daß er in Bonn durchaus ein Anhänger Jahns gewesen und seine Übersiedlung nach Leipzig, wo Ritschl ihn als Bonner Getreuen begrüßte, aus ganz äußerlichen Gründen erfolgt war. Aber den eigentlichen Anstoß, Jahn Gerechtigkeit widerfahren zu lassen, gab die Lektüre seines Briefwechsels mit Mommsen während eines Aufenthalts im Deutschen Archäologischen Institut in Rom (Herbst 1985). William M. Calders Aufforderung, für seine geplante biographische Enzyklopädie den Artikel *Otto Jahn* zu übernehmen, bot die Gelegenheit einer erneuten Beschäftigung mit Jahn.

Das Folgende ist die in Teilen ergänzte Fassung des Beitrags zu W. W. Briggs & W. M. Calder III (Hrsg.), *Classical Scholarship. A Biographical Encyclopedia*, Garland Publishing, New York 1990 (227-238). Dort konnte nur eine kleine Auswahl der altertumswissenschaftlichen Aufsätze Otto Jahns in die Bibliographie aufgenommen werden. Wilamowitzens Bedauern darüber, daß es nicht zu einer Ausgabe von Jahns kleinen Schriften gekommen sei (*Erinnerungen* 87), gibt einen Topos der Jahn-Biographie wieder. Als ein später und notdürftiger Ersatz ist das im folgenden gegebene Schriftenverzeichnis gedacht, in dem freilich von Aufsätzen und Abhandlungen außerhalb der von Jahn selbst herausgegebenen Sammelbände nur die altertumswissenschaftlichen Veröffentlichungen berücksichtigt wurden: Vollständigkeit wurde angestrebt, aber wohl kaum erreicht. Es bleibt die Hoffnung, nichts wirklich Wichtiges übersehen zu haben. Wenn die aufgenommenen Buchbesprechungen nicht Zufallsfunde sind, hat Jahn seit Ende der vierziger Jahre keine Rezensionen mehr geschrieben. Abgesehen wurde von einer Aufnahme von Jahns eigenen musikalischen Kompositionen. In das Verzeichnis der selbständig publizierten Veröffentlichungen wurde die Angabe des Verlags der Erstauflage mit aufgenommen, weil bei Jahns persönlichen Beziehungen zu seinen Verlegern darin oft ein Stück Biographie und Wissenschaftsgeschichte enthalten ist.

Mein Dank gilt den Mitarbeitern am Institut für Klassische Philologie der Universität des Saarlandes: Rosemarie Degen, Mechthild Hinsberger - Boguski und Peter Cordes für ihre Hilfe bei der Erstellung des bibliographischen Teils, Anne Meyer für die Anfertigung der Druckvorlage. Die vollständigen Angaben über Jahns Rezensionstätigkeit für die Neue Jenaische Allgemeine Literatur-Zeitung verdanke ich Verena Paul (Jena).

Gewidmet ist das Büchlein Karlheinz Kost, dem Studiengefährten und Gleichgesinnten, zum 60. Geburtstag. Er hatte es schon immer mehr mit Jahn gehalten.

Saarbrücken, im Januar 1991 C. W. M.

Otto Jahn
1813 – 1869

Otto Jahn erscheint als der vielseitigste unter den deutschen Altertumswissenschaftlern des 19. Jahrhunderts. Als Philologe hat er mehrere antike Autoren mustergültig ediert und teilweise kommentiert, als Archäologe die Beschäftigung mit der griechischen Vasenmalerei auf eine neue Basis gestellt und ikonographisch den symbolistischen Phantasien Creuzers und Panofkas ein Ende gesetzt, als Musikwissenschaftler eine exemplarische Mozartbiographie geschaffen, die erste auf dokumentarischer Grundlage, der Germanistik zwei Briefsammlungen Goethes geschenkt und schließlich eine Reihe von biographischen und wissenschaftsgeschichtlichen Essays verfaßt.

*

Jahn wurde am 16. Juni 1813 in Kiel geboren. Sein Vater Jakob Jahn war ein angesehener und erfolgreicher Anwalt; sein Großvater mütterlicherseits, Adolf Trendelenburg, war Professor der Jurisprudenz an der Universität Kiel. Das elterliche Haus bildete ein Zentrum des städtischen Musiklebens. Jahns musikalische Ausbildung ging weit über den üblichen bildungsbürgerlichen Dilettantismus hinaus. Die endgültige Entscheidung, die Musik nicht zu seinem Beruf zu machen, fiel erst während seiner Berliner Studienzeit. In der Absicht, durch die strenge Disziplin eines anspruchsvollen philologischen Unterrichts ein Gegengewicht zu den musikalischen Ambitionen des Siebzehnjährigen zu schaffen, schickte ihn der Vater 1830 auf das berühmte Gymnasium in Schulpforte, wo Adolf Gottlob Lange (1778-1831), Christian Friedrich Neue (geb. 1798) und Karl August Koberstein (1797-1870) seine Lehrer in Griechisch, Latein und Deutsch wurden. Lange, in dessen Familie Jahn Aufnahme gefunden hatte, blieb für diesen trotz des nur einjährigen Aufenthaltes in der Pforte auf Dauer eine Vaterfigur (*Briefe* 117).

1831 kehrte Jahn nach Kiel zurück und begann das Studium der Klassischen Philologie an der Universität seiner Heimatstadt. Direktor des philologischen Seminars, zu dem er sogleich zugelassen wurde, war Gregor Wilhelm Nitzsch (1770-1861), dessen Verbindung von strengem Arbeitsethos und offenem Umgang mit den Studenten Jahn rühmt (*Biographische Aufsätze* 148f.). Der spätere Thukydideskommentator Johannes Classen (1805-1891) lehrte damals als Privatdozent in Kiel; er lenkte Jahns Aufmerksamkeit auf die römischen Satiriker, die ihn ein Leben lang beschäftigen und den Hauptteil seiner philologischen

Arbeiten ausmachen sollten. Im Herbst 1832 ging Jahn nach Leipzig, wo ihn die Persönlichkeit Gottfried Hermanns (1772-1848) mehr noch als dessen wissenschaftliche Methode beeindruckte. Ein Jahr später wechselte er nach Berlin über. Hier hörte er August Böckh (1785-1867), schloß sich aber enger an Karl Lachmann (1793-1851) an, in dem er seinen eigentlichen philologischen Lehrer sah (*Briefe* 115). In Berlin fand Jahn erstmals Zugang zur Archäologie. Julius Ambrosch (1804-1856) führte ihn in die noch junge Disziplin der Vasenkunde ein, und die Vorlesungen von Eduard Gerhard (1795-1867) über die Antiken des Berliner Museums brachten ihn in näheren Kontakt mit einem der Gründerväter der Archäologie als Wissenschaftsinstitution in Deutschland. 1835 nach Kiel zurückgekehrt, promovierte er 1836 mit einer Arbeit über den Palamedesmythos. Die Dissertation zeigt eine umfassende Kenntnis der antiken Quellen. Wenn die für Jahns spätere Arbeiten charakteristische Verbindung von literarischen und archäologischen Zeugnissen nur selten erkennbar ist, dürfte dies vor allem in der spärlichen Bezeugung des Palamedesmythos in der bildenden Kunst der Antike begründet sein.

Mit einem Reisestipendium der dänischen Regierung (Schleswig-Holstein war damals mit Dänemark in Personalunion vereinigt) reiste Jahn im Herbst 1837 nach Paris, trieb vor allem Handschriftenstudien zu Persius und Juvenal und fand Anschluß an die französische archäologische Forschung. Engere Beziehungen verbanden ihn mit Désiré Raoul–Rochette (1790-1854) und Jean de Witte (1808-1889). Im Oktober 1838 kam er nach Rom. Hier wurde Emil Braun (1809-1856), ein Schüler Karl Ottfried Müllers (1797-1840) und damals Erster Sekretär des Archäologischen Instituts, sein Lehrer. Er führte Jahn in die Altertümer Roms ein, überließ ihm den einen oder anderen Neufund zur Publikation (so das Grabmal des Bäckers Eurysaces an der Porta Maggiore) und brachte dem Schüler Gottfried Hermanns und Karl Lachmanns nachdrücklich die Bedeutung Friedrich Gottlieb Welckers (1784-1868) zu Bewußtsein. Zugleich wies er ihn auf das Feld der lateinischen Inschriften hin. Jahn erwarb, mit Unterstützung der Berliner Akademie, den epigraphischen Nachlaß von Olaus Kellermann (1805-1837) mit der Verpflichtung, ihn zu publizieren. Nach Reisen durch Süditalien und Sizilien kehrte Jahn über Florenz, wo er mit dem nach Griechenland reisenden Karl Ottfried Müller zusammentraf, im Sommer 1839 nach Kiel zurück.

*

Mit Beginn des Wintersemesters nahm Jahn seine Lehrtätigkeit an der Universität auf, wozu ihn die Kieler Promotion berechtigte. Unter seinen ersten Schülern befand sich der nur wenige Jahre jüngere Theodor Mommsen (1817-1903), der sein juristisches Studium durch die Teilnahme an Jahns Vorlesungen

Jahn in Greifswald 1847
(Ölgemälde von Wilhelm Titel)

zu Juvenal und Persius und an seinen epigraphischen Übungen ergänzte. Was die Begegnung mit Jahn für den jungen Mommsen bedeutete, zeigt sein Rückblick nach dem Tod des Freundes. Jahn habe ihm die „Wissenschaft geöffnet und die Gesellschaft" (*Briefwechsel* 360). Der Briefwechsel zwischen beiden (1842-1868) gehört zu den eindrucksvollsten Gelehrtenkorrespondenzen des 19. Jahrhunderts.

1842 wurde Jahn als außerordentlicher Professor für Philologie und Archäologie nach Greifswald berufen. 1843 erschien sein Kommentar zu Persius, wohl seine bedeutendste philologische Leistung. Auf ihn baut die ganze spätere Persiusexegese auf (U. Knoche, *Römische Satire* 86). 1845 folgte die Ausgabe des Censorinus (*De die natali*), deren Recensio den Text erstmals auf eine solide Grundlage stellte. Nach der Ablehnung eines Rufs an die Kaiserliche Akademie der Wissenschaften in Petersburg erhielt Jahn 1845 ein Ordinariat. Schon in Kiel hatte er nach dem Vorbild der philologischen Seminare erstmals in Deutschland archäologische Übungen veranstaltet. Diese führte er auch in Greifswald ein, und auch die Sitte der jährlichen Winckelmannsfeiern an deutschen Universitäten, wie sie am römischen Institut üblich waren, geht auf ihn zurück.

Der seit längerem bestehende Plan der Berliner Akademie zu einem *Corpus Inscriptionum Latinarum* trat 1845 in ein neues Stadium, als Savigny, damals preußischer Justizminister, Jahn zu einer Denkschrift über die Verwirklichung des Projektes aufforderte. Entgegen dem bisherigen Plan der Akademie eines bloßen Nachdrucks der Inschriften aus bereits vorliegenden Sammlungen und Publikationen sah Jahns Konzept eine Aufnahme der Texte (einschließlich der großen Zahl noch unveröffentlichter Inschriften) durch Autopsie der Originale vor, was einen mehrjährigen Aufenthalt in Italien zur Voraussetzung hatte. Jahn sprach sich gegen eine topographische (wie sie später Mommsen verwirklichte) und für eine systematische Anordnung nach Sachgruppen aus (A. Harnack, *Geschichte d. Kgl. Preuß. Akademie d. Wissenschaften zu Berlin* II, 505ff.). Infolge von Böckhs Intrigen („Böckh und die Böcklein", wie Mommsen die Widersacher nennt) kam es zunächst nicht zur Ausführung des neuen Plans. Aber Jahn schreibt sich das Verdienst zu, die Dinge wenigstens solange offengehalten zu haben, bis Mommsen „eintreten konnte in die Aufgabe, die ein gutes Geschick ihm aufbehalten hatte" (*Gerhard* 84).

*

1847 erhielt Jahn einen Ruf auf eine archäologische Professur an der Universität Leipzig, wo er neben Gottfried Hermann und Moriz Haupt (1808-1874) auch über philologische Themen las. In Jahns Leipziger Zeit erschienen die Kommentare zu Ciceros

Brutus (1849) und *Orator* (1851) sowie Ausgaben des Persius (1851), der Livius-Epitome des Florus (1852) und des Julius Obsequens (1853), vor allem aber die große Juvenal-Edition mit den *Scholia vetera* (1851), deren Aufarbeitung der Überlieferung im wesentlichen noch heute die Basis der Juvenalkritik darstellt (U. Knoche, *Römische Satire* 96f.). Der geplante Kommentar zu Juvenal kam nicht zustande. In einer Rede vor der Leipziger Gesellschaft der Wissenschaften anläßlich des Leibniztages hat Jahn 1848 seine Vorstellungen über das Wesen und die wichtigsten Aufgaben der Archäologie entwickelt. Darin wendet er sich gegen die Auffassung der Archäologie als „monumentaler Philologie" (Gerhard) und weist ihr als einer Kunstwissenschaft nachdrücklich eine selbständige Aufgabe zu, die sie aber nur in der engen Verbindung mit den anderen historischen Altertumswissenschaften, insbesondere der Philologie, erfüllen könne (vgl. *Briefe* 93.164.175). Ein Musterbeispiel der ikonographischen Deskription ist Jahns Abhandlung über die *Ficoronische Cista* (1852).

Mit Erfolg setzte sich Jahn für eine Berufung Mommsens nach Leipzig ein (1848). Für beide war es nach eigenem Zeugnis die glücklichste Zeit ihres akademischen Lebens. Sie gehörten zu einem geselligen Freundeskreis von Professoren (Haupt), Literaten (Gustav Freytag) und Verlegern (Härtel, Hirzel, Reimer, Wigand), deren politische Heimat der *Deutsche Verein* war, der im Frankfurter Parla-

Haupt, Mommsen, Jahn vor einer Goethebüste
(Photographie Leipzig 1848)

ment die bürgerlich-liberale Mitte besetzte. An den politischen Bewegungen des Jahres 1848 nahm Jahn ebenso wie Mommsen aktiv Anteil, zunächst in seiner Heimat Schleswig-Holstein, dann auch in Leipzig, wo die beiden Freunde zusammen mit Haupt sich 1849 an der Agitation zur Durchführung der vom Frankfurter Parlament beschlossenen Reichsverfassung in Sachsen beteiligten. Dies brachte ihnen nach dem Sieg der Reaktion einen Hochverratsprozeß ein, in dessen Verlauf Jahn in erster, Mommsen und Haupt in zweiter Instanz zwar freigesprochen wurden, was aber eine Amtsenthebung nicht verhindern konnte (1850). Obwohl die Universität sich bald wieder darum bemühte, Jahn zurückzuholen, lehnte er alle Zugeständnisse aus Solidarität mit den entlassenen Freunden ab. Um so schmerzlicher hat er es empfunden, daß er selbst am härtesten und längsten unter der Entlassung zu leiden hatte. (Mommsen wurde 1852 nach Zürich, Haupt 1853 nach Berlin berufen.) Daß ihn die philologisch-historische Klasse der Sächsischen Gesellschaft der Wissenschaften nach dem Weggang von Haupt zu ihrem Sekretär wählte – ein Amt, das er bis zu seiner Berufung nach Bonn innehatte –, war nur ein schwacher Trost für ihn.

In Jahns Leipziger Zeit fällt, durch den Genius loci begünstigt, eine Reihe von musikwissenschaftlich bedeutenden Unternehmungen. Die Gründung einer Bachgesellschaft mit dem Ziel einer historisch-kritischen Ausgabe J. S. Bachs wird im wesentlichen Jahns

Initiative verdankt. Das methodische Vorbild der philologisch-kritischen Ausgabe antiker Texte wurde hier erstmals auf eine Musikedition angewandt und ist für andere Gesamtausgaben großer Komponisten in der Folgezeit exemplarisch geworden. Als 1853 in Leipzig Wagners *Tannhäuser* und 1854 der *Lohengrin* zur Aufführung kamen, setzte sich Jahn in kritischen Rezensionen mit den von ihren Anhängern als „Zukunftsmusik" propagierten Musikdramen auseinander (*Aufsätze über Musik* 64ff. 112ff.). Jahns Wagner-Kritik hat auch ihre philologiegeschichtliche Nachwirkung gehabt, da Nietzsche (1844-1900) sie in der *Geburt der Tragödie* zum Anlaß einer häßlichen Polemik gegen Jahn nahm. Daß er damit gleichzeitig glauben mochte, seinem Lehrer Friedrich Ritschl (1806-1876) gefällig zu sein, machte die Sache nicht besser. Nietzsches Ausfall gegen Jahn gab, so stellt es jedenfalls der alte Wilamowitz (1848-1931) dar (*Erinnerungen* 129), den Anstoß zu dessen Pamphlet *Zukunftsphilologie*.

In Leipzig beschäftigen Jahn editorische Arbeiten zum jungen Goethe, vor allem eine Ausgabe von *Goethes Briefen an Leipziger Freunde* (1849) mit Nachträgen (1854) und einige Funde zu *Goethe in Straßburg und Wetzlar* (Allg. Monatsschrift f. Wiss. u. Lit. 1854). Allenthalben ist die Freude spürbar, zu neuen und authentischen Zeugnissen vorgestoßen zu sein.

Die unfreiwillige Befreiung von universitären Verpflichtungen erlaubte Jahn längere Reisen, die ihn 1852/53 nach Wien, Salzburg, Berlin und Frankfurt führten zur Sammlung und Sichtung des Nachlasses von Mozart und Beethoven und zur Vorbereitung seines großen Mozartbuches. Ursprünglich als Einleitung für eine Beethovenbiographie gedacht, verselbständigte sich dieses Unternehmen zusehends mit dem Anwachsen der Stoffülle. Doch ehe es zur Ausarbeitung des ungeheuren Materials kam, erhielt Jahn aus München den Auftrag einer Katalogisierung der Vasensammlung König Ludwigs I., die ihn 1853/54 beschäftigte. Der Einleitungsband ist eine umfassende Darstellung der griechischen Vasenkunde unter forschungsgeschichtlichem, topographischem, systematischem, entwicklungsgeschichtlich-stilistischem und ikonographischem Aspekt. Mit gesunder Skepsis wird die Deutung der Bildinhalte von aller Mysteriengläubigkeit befreit und auf ihre faktische Aussage reduziert. Jahns *Einleitung* hat für lange Zeit die Funktion eines Handbuchs der griechischen Vasenkunde erfüllt.

*

Ende 1854 erfolgte, von Ritschl ohne Wissen Welckers beim Berliner Ministerium betrieben, Jahns Berufung nach Bonn, wo er im Sommer 1855 seine Lehrtätigkeit aufnahm. Jahn hat immer betont, daß

Jahn in Bonn
(Ölgemälde nach einer Photographie
von Willy Faßbender um 1929)

mit dem Bonner Ruf als präsumptivem Nachfolger Welckers für ihn ein Wunschtraum in Erfüllung gegangen sei (*Briefe* 91. 92). Freilich geschah dies unter Umständen, die für ihn alles andere als erfreulich waren und seine Bonner Tätigkeit von vornherein belasteten. Jahn kam nach Bonn in der Annahme, seine Berufung sei auf Welckers Wunsch oder doch mit dessen Einverständnis erfolgt. Nun erfuhr er, daß Welcker, der zeitweilig von Bonn abwesend gewesen war, vom Gang der Dinge völlig überrascht und aufs tiefste verletzt war, da er die Einrichtung einer neuen Professur für Philologie und Archäologie als gegen seine Person gerichtet empfand. Das Billigkeitsgefühl verbot es Welcker, Jahn die erfahrene Kränkung entgelten zu lassen. Jahn seinerseits tat alles, dem großen alten Mann seine Verehrung und freundschaftliche Gesinnung zu zeigen. Das Nachsehen hatte Ritschl. Welcker brach jede Verbindung zu dem langjährigen Kollegen und Freund, von dem er sich hintergangen fühlte, ab, während Jahn darauf bedacht war, seine Unabhängigkeit von Ritschl zu wahren und nicht als dessen Parteigänger zu erscheinen. Diese bewußte Zurückhaltung, die freilich durch die Unterschiedlichkeit der Charaktere noch gefördert wurde, mußte Ritschl kränken und ihm als Undankbarkeit erscheinen. Eine schon nach wenigen Monaten eintretende Entfremdung (*Briefe* 95f.; *Briefwechsel* 196), schließlich Mißtrauen und Aversion waren die Folge. Doch wahrte man die Form (*Briefe*

197; *Briefwechsel* 246), und namentlich Jahn hat bei allen menschlichen Vorbehalten gegenüber dem Kollegen immer anerkannt, daß das Ansehen des Bonner philologischen Seminars vornehmlich das Verdienst von Ritschls Lehrtätigkeit war (*Briefe* 174). Auch in der Seminarführung und im Methodischen zeigten sich beide einig, wenn es darum ging, die formale Orientierung einer im wesentlichen grammatikalisch-textkritischen Ausbildung gegenüber einem inhaltsbezogenen Unterricht, wie ihn vor allem die Historiker forderten, zu verteidigen.

Jahns Lehrerfolg bei den Studenten war beachtlich (*Briefe* 166. 174). „Jahn besaß eine große persönliche Anziehungskraft für junge Leute." „Als einzelstehender Mann fühlte er mehr das Bedürfnis, freundschaftlich-geselligen Verkehr mit den Studenten zu pflegen, denen die Schätze seiner Bibliothek und sein Haus mit großer Liberalität geöffnet waren," urteilt ein unverdächtiger Zeuge (O. Ribbeck, *F. W. Ritschl* II, 342). 1857 wählte die Philosophische Fakultät Jahn zu ihrem Dekan, 1858 die Universität ihn zum Rektor. Beide Ämter bezeugen die angesehene Stellung, die sich Jahn innerhalb kurzer Zeit unter seinen Kollegen erworben hatte. Die Rektoratsrede über *die Bedeutung und Stellung der Altertumsstudien in Deutschland* zeigt Jahn als Meister des wissenschaftsgeschichtlichen Essays. (Die Herausgeber der französischen Übersetzung sprechen von „les pages nobles, élégantes et substantielles", Revue Germanique 12 [1860] 168.)

In die ersten Bonner Jahre fällt die Vollendung der monumentalen Mozartbiographie (1859) und eine Reihe von nützlichen Textausgaben, die unmittelbar aus den Bedürfnissen des akademischen Unterrichts erwachsen waren: das hübsche, zum Lesen einladende Bändchen mit Apuleius' Märchen von Amor und Psyche (1856), des Pausanias Beschreibung der Akropolis (1860) und die *Elektra* des Sophokles (1861) mit einer Testimoniensammlung zum Leben und Werk des Dichters, die erst durch Radts Fragmentsammlung des Sophokles (TrGF IV [1977]) ersetzt worden ist. Daß Jahn nur noch während der beiden ersten Jahre in Bonn (1855/56) in dem von Ritschl (und Welcker) herausgegebenen *Rheinischen Museum für Philologie* – damals die führende Zeitschrift der klassischen Philologie in Deutschland – publizierte, hängt unmittelbar mit dem Zustand seines Verhältnisses zu Ritschl zusammen. Ab 1867 wird er zu den ersten Autoren des von Mommsen gegründeten *Hermes* gehören.

*

Obwohl Ritschl und Jahn auch gräzistische Vorlesungen und Übungen hielten, lag das Schwergewicht ihrer philologischen Tätigkeit in der Latinistik. Jahns Bemühungen um die Berufung eines angesehenen Gräzisten (er dachte an den befreundeten Hermann Sauppe [1809-1893] in Göttingen) waren daher verständlich (*Briefe* 177f.). Die Furcht vor

Otto Jahn in Bonn
(Photographie um 1860)

einer ablehnenden Reaktion Ritschls und wohl auch vor dem taktischen Geschick des Kollegen, dem er sich in dieser Hinsicht nicht gewachsen fühlte („der Obermeister der Universitätsintrigen", Mommsen an Henzen, *Briefwechsel* 331 Anm. 4), verleiteten Jahn dazu, die Berufung Sauppes bei der Berliner Regierung zu betreiben, ohne sich mit Ritschl darüber zu verständigen (*Briefwechsel* 333). Das Vorgehen hatte gewisse Ähnlichkeiten mit Ritschls Verhalten gegenüber Welcker bei Jahns eigener Berufung. Im Frühjahr 1865 schien Jahn endlich am Ziel. Als er nach einer Voranfrage aus Wien in Berlin erklärt hatte, er werde in Bonn bleiben, falls Sauppe dorthin berufen würde, ging das Ministerium auf diese Bedingung ein und berief Sauppe; doch dieser lehnte entgegen einer früher gegebenen Zusage ab. Jetzt erst erfuhren die Fakultät, die vom Ministerium zuvor nicht konsultiert worden war, und ihr damaliger Dekan Ritschl von der Angelegenheit, und „der Sturm" (Mommsen) brach über Jahn herein. Es sollte der berühmteste Philologenstreit der jüngeren Wissenschaftsgeschichte werden, wozu die Auseinandersetzung zwischen Nietzsche und Wilamowitz das abschließende Satyrspiel lieferte.

Die Nachricht von Sauppes Ablehnung rief auf Seiten der Gegner Empörung und Schadenfreude, bei Jahns Freunden Bestürzung und Ratlosigkeit hervor; denn von der Blamage abgesehen, mußten auch den Gutwilligen die Modalitäten des Verfahrens als unkollegial erscheinen. Aber die sogleich einsetzende Verleumdungskampagne einiger Anhänger Ritschls mit dem Ziel der moralischen Diffamierung Jahns brachte das Verhältnis von Unrecht und Recht wieder ins Gleichgewicht. Während die Fakultät aus verständlichen Gründen mit wenigen Ausnahmen auf die Seite ihres Dekans trat, ergriff die Mehrheit der Studenten, „darunter fast das ganze Seminar", für Jahn Partei (Erwin Rohde an seine Eltern 27.6.1865, Crusius 10). Auch Nietzsche gehörte dazu (Colli-Montinari [Hrsg.] *Briefe* Nr. 467), der während seiner Bonner Studienzeit sich an Jahn angeschlossen hatte (Nr. 463. 464) und dessen Weggang von Bonn nichts mit dem Konflikt zwischen Ritschl und Jahn zu tun hatte (Nr. 466).

Durch die Taktlosigkeit des Ministeriums, das den scharfen Verweis, der Ritschl wegen seiner Amtsführung als Dekan in dieser Angelegenheit erteilt worden war, in der Presse veröffentlicht hatte, war inzwischen aus einem lokalen Konflikt der Bonner Universität eine politische Affäre von allgemeinem Interesse geworden, die im preußischen Landtag zu einem Angriff der Liberalen auf die Regierung Bismarck führte. Für Jahn war dies alles bedrückend. Trotz seiner persönlichen Integrität und der Redlichkeit seiner Absichten bei den Bemühungen um eine zusätzliche gräzistische Professur (*Briefe* 218) war seine augenblickliche Stellung prekär und die Situation paradox: Im Parlament nahmen die Liberalen (Jahns

Partei) sich der Sache des konservativen Ritschl an, während der liberale Jahn mit dem ‚Junkerministerium' zu paktieren schien. Als Ritschl um seine Entlassung aus dem preußischen Staatsdienst einkam und schon zum nächsten Semester Bonn verließ, um einen Ruf der sächsischen Regierung nach Leipzig anzunehmen, bedeutete dies zwar nicht, wie das Pamphlet eines Ritschl-Schülers prophezeite, „das Ende der Bonner Philologenschule", aber Jahn war sich der Größe des Verlustes für die Universität bewußt und litt darunter, daß man ihm die Verantwortung zuschreiben werde (*Briefwechsel* 304). Ritschl dagegen konnte sich der Öffentlichkeit als Opfer kollegialer und staatlicher Undankbarkeit sowie einer holsteinischen Vetternwirtschaft präsentieren (der Bonner Universitätskurator Wilhelm Beseler war Jahns Vetter, der verantwortliche Referent im Ministerium Justus Olshausen sein Jugendfreund). Gegenüber Ritschls robusterem Naturell, der sich unbeschwert zum moralischen Sieger erklärte, fühlte Jahn, skrupulös und ständig von Selbstzweifeln gequält, sich zu immer neuen Rechtfertigungen gedrängt, die niemand hören wollte. Es war ein Streit, bei dem es nur Niederlagen, keine Siege gab.

*

„Er ist unglaublich unglücklich," sagt – bei anderer Gelegenheit – ein so unsentimentaler Charakter wie Mommsen über Jahn (*Briefwechsel* 359). Äußere Schicksalsschläge, menschliche Enttäuschungen, eigene Fehlentscheidungen haben aus einem freundschaftsbedürftigen und in besonderem Maße zur Freundschaft befähigten Menschen am Ende einen einsamen Mann werden lassen, der sich selbst aufgegeben hatte (*Briefe* 222-225, *Briefwechsel* 360). Jahns Hilfsbereitschaft, seine Arglosigkeit und Neigung zu Bewunderung und Dankbarkeitsbezeugungen sind oft mißbraucht worden, auch von Freunden; Haupts abschätzige Bemerkungen über ihn bedürfen der Deutung des Psychologen. (Mommsen spricht vom „pathologischen Element" im Charakter des Berliner Freundes, *21 Briefe* 281.)

Die wenigen Jahre, die Jahn nach dem Ausscheiden Ritschls noch in Bonn lehrte, stehen im Zeichen einer ausbrechenden Lungenkrankheit. Aber bis zum Schluß ringt er dem körperlichen Verfall Schrift um Schrift ab, darunter die Ausgabe des Autors περὶ ὕψους, die in der Bearbeitung Vahlens noch nicht überholt ist, und vor allem die völlig umgearbeitete 2. Auflage der Mozartbiographie, nunmehr in zwei statt vier Bänden (1867). Als Nachfolger Ritschls war 1866 Hermann Usener (1834-1905) berufen worden und im gleichen Jahre Jacob Bernays (1824-1881) von Breslau nach Bonn zurückgekehrt. Das war die Konstellation der Bonner Philologie, die der junge Wilamowitz 1867 antraf. Jahns Studenten konnten noch immer das Gefühl haben, in Bonn den anspruchsvollsten philologischen Unterricht zu genießen, der damals in Deutschland zu haben war; Göttingens große Zeit war längst vorbei, München zählte nicht, Leipzig schickte sich erst an, wieder eine nennenswerte Konkurrenz zu werden, und was Berlin betrifft, so haben wir Wilamowitzens Urteil, er sei von Bonn her anderes gewohnt gewesen (*Erinnerungen* 97). Einen Ruf nach Berlin als Nachfolger Gerhards lehnt Jahn ab. Auch das Angebot einer einjährigen Erholungs- und Studienreise nach Italien (1867) nimmt er nicht an, weil er weiß, wie es um ihn steht, und er die kurzbemessene Zeit für den Abschluß geplanter Arbeiten nutzen will. Am 9. September 1869 ist er in Göttingen im Elternhaus von Eduard Schwartz (1858-1940), dessen Mutter eine Nichte Jahns war, gestorben.

Die hinterlassene Bibliothek, wohl eine der größten deutschen Gelehrtenbibliotheken des 19. Jahrhunderts, umfaßte nach Michaelis über 30.000 Titel; die fünf Abteilungen des Versteigerungskatalogs zählen 22.071 Nummern, darunter eine bedeutende Sammlung von Bach-, Haydn-, Mozart- und Beethoven-Autographen sowie von Erstausgaben Goethes. Das Exlibris mit dem Motto *Inter folia fructus* stammte von Ludwig Richter, der es Jahn zum Dank für einen Essay, den er über ihn geschrieben (*Biographische Aufsätze* 221ff.), geschenkt hatte.

*

OTTO JAHN'S

BIBLIOTHEK.

Archäologie.

Versteigerung in Bonn am 13. Juni 1870

und an den folgenden Tagen, Nachmittags 5 Uhr

unter Leitung der Herren

Joseph Baer in Frankfurt a. M., Max Cohen & Sohn

und M. Lempertz in Bonn

im Auctionslokal des Letzteren.

Bonn 1870.

Druck von F. Krüger.

Titelblatt der 4. Abteilung
des Versteigerungskatalogs
mit Jahns Exlibris von L. Richter

Jahn, dessen Kieler Elternhaus nach allem, was wir hören, sich wie eine bürgerliche Bilderbuchfamilie des Biedermeier ausnimmt, blieb die Begründung einer vergleichbaren familiären Lebensform versagt. Er betont immer wieder, wie sehr er ihrer bedurft hätte (*Briefe* 27-28). Schon nach dem ersten Jahr der eben Vermählten in Greifswald brach die Gemütskrankheit seiner Frau aus; die von den Ärzten empfohlene Unterbringung in einem Sanatorium und ihr früher Tod werden für Jahn zum Quell beständiger Schuldgefühle. Ähnlich traumatisch gerät ihm während der Widrigkeiten seiner Leipziger Zeit und nach dem Weggang seines Freundes und Hausgenossen Mommsen die kurze Beziehung zu einer Hausangestellten („Auguste"). Als ein Sohn geboren wird, denkt Jahn wohl an eine Heirat, aber die Freunde, vor allem Mommsen, raten von übereilten Schritten ab. So übernimmt Jahn die Erziehung des Kindes, dem er seinen Namen gibt und das in der Familie des Bruders aufwächst. Auch der letzte Versuch, eine eigene Familie zu gründen, während der Bonner Zeit unternommen, scheitert. Eine schwere Depression ist die Folge. Den Umgang mit Kindern hat Jahn immer wieder gesucht. Noch im letzten Jahr vor seinem Tod kümmert er sich während eines längeren Italienaufenthaltes der Eltern um die Kinder seines kunsthistorischen Kollegen Anton Springer. Ein schönes Zeugnis seiner Fähigkeit, sich mit Witz und Spontaneität auf Kinder einzustellen, ist ein Brief an die Nichte Anna Beseler vom 1. Juli 1847 (*Briefe* 53-54):

Meine liebe Anna!

Ich weiß wohl, daß Du diesen Brief noch nicht selbst lesen kannst, aber Du räthst es gewiß schon, daß ich Dir gratuliren will, und das Uebrige liest Dir Deine Schwester Sophie wohl vor.

Also, ich wünsche Dir recht viel Glück zu Deinem Geburtstage und daß Du bald ebenso groß wirst als Du jetzt dick bist. Die Puppe, welche ich Dir schicke, wird Dir hoffentlich gefallen, sie sieht wohl ein bischen sonderbar aus, aber die Kindermädchen sind hier [in Leipzig] *fast alle so angezogen. Wir haben hier auch Anlagen, und wenn Du mich einmal besuchst, so kannst Du da recht viele sehen.*

Willst Du wohl so gut sein, liebe Anna, und die beiden Briefe an Vater und Onkel Litzmann geben? Die Nadelbüchse mußt Du aber an Sophie und die bunten Murmel an Max geben und ihnen recht danken für die hübschen Briefe, die sie mir zum Geburtstag geschrieben haben. An Max kannst Du nur sagen, daß ich hier recht viele freundliche Menschen hätte, aber daß ich doch alle Tage an die freundlichen Menschen in Greifswald dächte, und besonders an die freundlichen Kinder, auch an eine kleine Anna, die alle Nachmittag mit mir Kaffee trank. Kennst Du die wohl?

Sag mal, hast Du denn auch einen von den Kuchen bekommen, die Deine Mutter für mich gebacken hat? Alle sind sie doch wohl nicht in die Schachtel gepackt? Dann kannst Du Dir wohl denken, wie schön sie mir geschmeckt haben und es Deiner Mutter erzählen.

Eine kleine Anna, so wie Du, giebt es hier gar nicht, aber ich kenne eine kleine Marie, die beinahe so groß ist wie Du, die besuche ich mitunter, sie heißt Marie Haupt.

Nun leb recht wohl, mein liebes Kind, und sei recht vergnügt und artig und vergiß mich auch nicht!

Dein Onkel

Otto.

*

Unter Musikwissenschaftlern scheint Einigkeit darüber zu bestehen, daß Jahns Mozartbiographie das bedeutendste musikgeschichtliche Werk des 19. Jahrhunderts ist. Die Widmung des *Köchel-Verzeichnisses* an Jahn ist ein frühes, lapidares Zeugnis dieser Einschätzung. Die Übertragung der historisch-philologischen Methode auf die Bearbeitung der schriftlichen Quellen zum Zweck der Darstellung von Leben und Werk eines großen Komponisten war eine Pioniertat, die für andere Musikerbiographien zum Vorbild wurde und für Mozart erst in den zwanziger Jahren unseres Jahrhunderts durch Aberts Neufassung des Jahnschen Textes abgelöst wurde (^{5}1919/21). Jahn hat erstmals Mozarts ausgedehnte Korrespondenz in großem Umfange als authentische Quelle der Biographie erschlossen. Daß er dabei aus heutiger Sicht immer noch nicht radikal und vorurteilsfrei genug verfahren ist und sein Mozartbild ein Jahnscher Mozart geworden ist, darf niemanden verwundern, der sich der besonderen Bedingungen und Aporien des biographischen Genus bewußt ist. Es ist auch nicht so, daß Jahn keinen Sinn für das Abgründige in der Person seines Helden gehabt habe, aber sein Mozartbild ist nicht zuletzt auch das Ergebnis seines eigenen Harmonieverlangens angesichts eines chaotisch bedrohten Lebensgefühls. Es ist keine unreflektierte Goldgrundmalerei und hat seine eigene – gleichsam Stiftersche – Authentizität.

Sehr viel schwieriger als im Falle des Jahnschen *Mozart* ist es, Jahns Wirkung auf die Altertumswissenschaften angemessen zu beschreiben. Das mag mit der starken Zersplitterung seiner Arbeiten – thematisch wie bibliographisch – zusammenhängen. (Leider ist nie eine Sammlung von Jahns kleinen Schriften erschienen.) Es ist aber auch im Charakter seiner Forschungen begründet. Jahns wissenschaftliches Interesse gilt dem konkreten Einzelnen, nicht dem Allgemeinen. Spekulation und Systembildung sind nicht seine Sache. Die Vielfalt der Erscheinungen in ihrem jeweiligen historischen Kontext gilt es deskriptiv zu erfassen. In der Philologie bedeutet dies vor allem Herstellung eines möglichst authentischen Textes durch Aufarbeitung der handschriftlichen Überlieferung und Textinterpretation in der Form des Kommentars, in der Archäologie exakte Beschreibung der Denkmäler und ihre Sammlung (die Idee eines Sarkophag-Corpus geht auf Jahn zurück), in der Wissenschaftsgeschichte biographische Darstellung ihrer namhaften Vertreter. In der Mythologie geht es nicht mehr um Hypothesen zur ursprünglichen Bedeutung des Mythos, sondern um die genaue Erfassung seiner konkreten Ausprägung im einzelnen literarischen und monumentalen Zeugnis. Die programmatische Verbindung von Archäologie und Philologie steht für Jahn ganz im Dienst der Interpretation als der eigentlichen Aufgabe beider Disziplinen (Bullettino 1843, 38). Sie eröffnet aber auch den Zugang zum antiken Alltagsleben als neuem historischen Forschungsgegenstand, was ebenso der literarischen Interpretation und der ikonographischen Deutung zugute kommt wie der Religionsgeschichte (*Über den Aberglauben des bösen Blicks*) und der Kulturgeschichte (Darstellung von Handel und Handwerk). Neue Bedeutung gewinnt zur Zeit die mit der Beschreibung des Codex Pighianus (1868) von Jahn inaugurierte Erforschung der Antikenzeichnungen in Bilderhandschriften der Renaissance und des Barock (H. Wrede, Gnomon 62 [1990] 162). Jahn ist auch der erste namhafte Philologe, der seine Aufmerksamkeit der antiken Novellistik und fiktionalen Prosaerzählung als einer beachtenswerten literarischen Gattung zuwendet (*Eine antike Dorfgeschichte, Novelletten aus Apulejus*). Inwieweit er damit anregend auf Erwin Rohde (1845-1898) und seine Beschäftigung mit der griechischen Romanliteratur gewirkt hat, bedarf noch der Klärung. Rohde hatte Jahn, freilich in kritischer Distanz, während seiner Bonner Studienzeit (1865/66) gehört.

Jahns ältester Schüler war Mommsen, zu seinen jüngsten zählt Ulrich v. Wilamowitz-Moellendorff (1848-1931). Beide sind auch seine berühmtesten und weit über den Lehrer hinausgewachsen. Dem einen wies er den Weg zu den lateinischen Inschriften, der Einfluß auf den anderen ist größer, als gemeinhin angenommen wird. Er zeigt sich im wissenschaftlichen Gesamtkonzept einer Versöhnung von Wortphilologie (Hermann, Lachmann) und Sachphilologie (Böckh, K.O. Müller, Welcker) und im Primat der Einzelinterpretation, verbunden mit der Einordnung des Einzelnen in seinen lebendigen historischen Zusammenhang. Er läßt sich aber auch in einer neuen Würdigung der hellenistischen Dichtung (Wilamowitz, *Geschichte der Philologie* 68) sowie in der Kunst des wissenschaftsgeschichtlichen Essays erkennen. Auch wenn Wilamowitz sich gerne auf Welcker, dem er persönlich nie begegnet ist, beruft, gelernt hat er bei Jahn. *Praeceptor meus* nennt ihn der Achtundfünfzigjährige (Classical Review 20 [1906] 444). Was die Archäologie betrifft, so hat Jahn mitgeholfen, sie als Universitätsfach zu etablieren. Gegenüber Gerhards „monumentaler Philologie" betont er den eigenständigen Formbegriff der Archäologie als einer Kunstwissenschaft (*Gerhard* 72). Zugleich aber hat seine Forderung, daß der Archäologe auch ein philologisches Studium zu absolvieren habe, noch bis in die Zeit nach dem Zweiten Weltkrieg ihre Geltung behalten. Zu seinen archäologischen Schülern gehören sein Neffe Adolf Michaelis (1835-1910), Eugen Petersen (1836-1919), Otto Benndorf (1838-1907), Karl Dilthey (1839-1907), Wolfgang Helbig (1839-1915), Carl Robert (1850-1922). Helbigs *Wandgemälde der vom Vesuv verschütteten Städte Campaniens* (1868) sind ohne Jahn nicht denkbar, und noch Roberts *Hermeneutik der Archäologie* (1919) verrät allenthalben seinen Einfluß; mit der Herausgabe der *Antiken Sarkophag-Reliefs* (ab 1890) erfüllte er gleichsam ein Jahnsches Vermächtnis. Alle Genannten haben auch philologische Arbeiten verfaßt.

Mit der Berücksichtigung der Erscheinungen des Alltagslebens, einschließlich des antiken Volks- und Aberglaubens, und einer Neubewertung der hellenistischen Literatur begründet Jahn eine philologische Forschungstradition der ‚Bonner Schule', die über Hermann Usener und August Brinkmann (1863-1923) bis zu Hans Herter (1899-1984) reicht.

*

Otto Jahns Schriften

I. MONOGRAPHIEN, AUSGABEN, SAMMELBÄNDE

1. Philologie, Altertumswissenschaft

Palamedes [Diss. phil. Kiel]. Hamburg: Perthes & Besser, 1836.

Specimen epigraphicum in memoriam Olai Kellermanni. Kiel: Schwers, 1841.

Auli Persii Flacci satirarum liber cum scholiis antiquis [mit Kommentar]. Leipzig: Breitkopf & Härtel, 1843. Nachdruck: Hildesheim 1967.

Ueber Goethe's Iphigenia auf Tauris. Greifswald: C.A. Koch, 1843 [überarbeitete Fassung in: Aus der Alterthumswissenschaft 353-402].

Des Aulus Persius Flaccus Satiren berichtigt und erklärt von Carl Friederich Heinrich. Mit einem Vorwort hrsg. von Otto Jahn. Leipzig: Breitkopf & Härtel, 1844.

Censorini de die natali liber. Berlin: Reimer, 1845. Nachdruck: Hildesheim 1965.

Ciceros Brutus de claris oratoribus. Erklärt von Otto Jahn. Leipzig: Weidmann, 1849; Berlin ^{2}1856; ^{3}1865; ^{4}1877 [A. Eberhard]; ^{5}1908 [W. Kroll]; ^{6}1964 [B. Kytzler].

Gottfried Hermann. Leipzig: Weidmann, 1849 [abgedruckt in: Biographische Aufsätze 89-132].

D. Iunii Iuvenalis saturarum libri V. Ex recensione et cum commentariis Ottonis Iahnii, vol. I: D. Iunii Iuvenalis saturarum libri V cum scholiis veteribus [Bd. II (Kommentar) nicht erschienen]. Berlin: Reimer, 1851.

Auli Persii Flacci satirarum liber [Editio minor - ohne Kommentar]. Leipzig: Breitkopf & Härtel, 1851.

Ciceros Orator. Erklärt von Otto Jahn, Anhang: De optumo genere oratorum. Leipzig: Weidmann, 1851; Berlin ^{2}1859; ^{3}1869 [1913 neue Ausgabe von W. Kroll; Nachdruck 1964]. – Französische Übersetzung der Einleitung in: F. Gache – J.S. Piquet, Cicéron et ses ennemis littéraires. Paris 1886.

Iuli Flori epitomae de Tito Livio bellorum omnium annorum DCC libri II. Leipzig: Weidmann, 1852.

Periochae de T. Livio et Iulius Obsequens. Leipzig: Weidmann, 1853.

Apulei Psyche et Cupido. Leipzig: Breitkopf & Härtel, 1856; ^{2}1873 [A. Michaelis]; ^{3}1883; ^{4}1895; ^{5}1905.

Die Bedeutung und Stellung der Alterthumsstudien in Deutschland. Berlin: Reimer, 1859 [= Preußische Jahrbücher 4 (1859) 494-515. – Du rôle et de l'importance des études philologiques en Allemagne: Revue Germanique 12 (1860) 168-194. – Überarbeitete Fassung in: Aus der Alterthumswissenschaft 1-50].

Pausaniae descriptio arcis Athenarum. Bonn: Marcus, 1860; ^{2}1880 [A. Michaelis]; ^{3}1901.

Sophoclis Electra. Bonn: Marcus, 1861; ^{2}1872 [A. Michaelis]; ^{3}1882.

Die Universität und die Wissenschaft. Bonn: Marcus, 1862.

Platonis symposium. Bonn: Marcus, 1864; ^{2}1875 [H. Usener].

Διονυσίου ἢ Λογγίνου περὶ ὕψους. Bonn: Marcus, 1867; Leipzig: Teubner, ^{2}1887 [J. Vahlen]; ^{3}1905; ^{4}1910; Stuttgart ^{5}1967 [H.-D. Blume].

A. Persii Flacci, D. Iunii Iuvenalis, Sulpiciae saturae. Berlin: Weidmann, 1868; ^{2}1886 [mit den Scholia vetera, herausgegeben von F. Bücheler]; ^{3}1893; ^{4}1910 [F. Leo]; ^{5}1932.

Aus der Alterthumswissenschaft. Populäre Aufsätze. Bonn: Marcus, 1868.

Inhalt: 1. Bedeutung und Stellung der Alterthumsstudien in Deutschland 2. Eine antike Dorfgeschichte 3. Novelletten aus Apulejus 4. Die hellenische Kunst 5. Die Restitution verlorner Kunstwerke für die Kunstgeschichte 6. Die alte Kunst und die Mode 7. Die Polychromie der alten Sculptur 8. Der Apoll von Belvedere 9. Höfische Kunst und Poesie unter Augustus 10. Die griechischen bemalten Vasen 11. Cyriacus von Ancona und Albrecht Dürer 12. Goethes Iphigenia auf Tauris und die antike Tragödie 13. Bildungsgang eines deutschen Gelehrten am Ausgang de 15. Jahrhunderts [Johannes Butzbach, * 1473 in Miltenberg].

2. Archäologie

Elogia urbis Romae. Extract für Capitolsgenossen zum Fest der Palilien 21 April, gedruckt in diesem Jahr [o.J. = Nr. 4092 des Versteigerungskatalogs der Jahnschen Bibliothek, 4. Abt. (Archäologie) 155].

Vasenbilder. Hamburg: Perthes & Besser, 1839.

Inhalt: 1. Orestes in Delphi 2. Theseus und der Minotauros 3. Dionysos und sein Thiasos 4. Diomedes und Helena 5. Poseidon und Amymone.

Die Gemälde des Polygnotos in der Lesche zu Delphi. Kiel: Schwers, 1841 [Sonderpublikation aus: Kieler philologische Studien. Kiel 1841, 81-154].

Telephos und Troilos. Ein Brief an Herrn Professor F.G. Welcker in Bonn. Kiel: Schwers, 1841.

Pentheus und die Mainaden. Kiel: Schwers, 1841.

Paris und Oinone. Greifswald: C.A. Koch, 1844.

Winckelmann. Greifswald: C.A. Koch, 1844 [überarbeitete Fassung in: Biographische Aufsätze 1-88].

Archäologische Aufsätze. Greifswald: C.A. Koch, 1845.
Inhalt: 1. Der Kasten des Kypselos 2. Die Gemälde in der Poikile zu Athen 3. Die Danaiden im Porticus des Apollo Palatinus zu Rom 4. Zeus Urios - Juppiter Imperator 5. Apollon und Idas 6. Apollon und Orion 7. Athene Kurothrophos - Erichthonios - Dionysos 8. Athene und Herakles 9. Inschriften auf Vasen 10. Tyro 11. Amphiaraos 12. Telephos 13. Die Schale des Kodros.

Die hellenische Kunst. Greifswald: F. Otte, 1846 [überarbeitete Fassung in: Aus der Alterthumswissenschaft 115-182].

Peitho, die Göttin der Ueberredung. Greifswald: C.A. Koch, 1846.

Archäologische Beiträge. Berlin: Reimer, 1847.
Inhalt: 1. Leda 2. Ganymedes, Excurs I: Leochares -

Autolykos 3. Adonis 4. Endymion - Kephalos, Excurs II: Helios und Semele, Excurs III: Eos und Kephalos 5. Eros (Eros und Psyche - Erotenverkauf), Excurs IV: Die Einkehr des Dionysos bei Ikarios 6. Hygieia 7. Herakles (Herakles mit der Hindin - Die Befreiung des Prometheus - Herakles und Auge) 8. Pasiphae, Excurs V: Ungeflügelte Eroten 9. Theseus und Ariadne 10. Hippolytos und Phaidra 11. Paris und Oinone 12. Achilleus auf Skyros 13. Das Opfer der Iphigeneia 14. Diomedes und Nestor 15. Odysseus und Kirke 16. Polyphemos und Galateia 17. Pygmaien, Excurs VI: Affen 18. Hahnenkämpfe.

Prométhée. Paris: F. Didot, 1848.

Ficoronische Cista. Leipzig: Wigand, 1852.

Beschreibung der Vasensammlung König Ludwigs in der Pinakothek zu München. München: J. Lindauer, 1854 [Sonderpublikation des Einleitungsbandes: Leipzig, Giesecke & Devrient].

Kurze Beschreibung der Vasensammlung Sr. Maj. König Ludwigs in der Pinakothek zu München. München: J. Lindauer, 1854; ^{2}1871; ^{3}1875; ^{4}1887.

Telephos und Troilos und kein Ende. Ein Brief an Herrn Professor F.G. Welcker zum 16 October 1859. Leipzig: Breitkopf & Härtel, 1859.

Der Tod der Sophoniba auf einem Wandgemälde. Leipzig: Breitkopf & Härtel, 1859.

Die Lauersforter Phalerae [Winckelmannsprogramm, hrsg. vom Vorstand des Vereins von Alterthumsfreunden in den Rheinlanden]. Bonn: Marcus, 1860.

Römische Alterthümer aus Vindonissa [Mitteilungen der Antiquarischen Gesellschaft in Zürich, Heft 14,4]. Zürich 1862.

Ludwig Ross, Erinnerungen und Mittheilungen aus Griechenland. Mit einem Vorwort hrsg. von Otto Jahn. Berlin: R. Gaertner, 1863 [Vorwort abgedruckt in: Biographische Aufsätze 133-163].

Friedrich Gottlieb Welcker, Alte Denkmäler, V. Theil. Statuen, Basreliefe und Vasengemälde. Hrsg. von Otto Jahn. Göttingen: Dietrich'sche Buchhandlung, 1864.

Ueber bemalte Vasen mit Goldschmuck. Leipzig: Breitkopf & Härtel, 1865.

De antiquissimis Minervae simulacris Atticis. Bonn: Marcus, 1866.

Eduard Gerhard, Gesammelte akademische Abhandlungen und kleine Schriften, Bd. II. Mit einem Lebensabriss hrsg. von Otto Jahn. Berlin: Reimer, 1868.

Die Entführung der Europa auf antiken Kunstwerken [Denkschriften der Kaiserlichen Akademie der Wissenschaften (Philos.-histor. Cl.) XIX]. Wien 1870.

Griechische Bilderchroniken. Aus dem Nachlasse des Verfassers herausgegeben und beendigt von Adolf Michaelis. Bonn: Marcus, 1873.

3. Musikwissenschaft

Ueber F. Mendelssohn-Bartholdy's Oratorium Paulus. Kiel: Schwers, 1842 [abgedruckt in: Gesammelte Aufsätze über Musik 13-37].

G. Chr. Apel, Kirchliches Antiphonarium, enthaltend 89 Gesänge für den Prediger am Altar und einen Singchor mit obligater Orgelbegleitung. Kiel: Schwers, 1845.

Ludwig van Beethoven, Ouverture Nr. 2 zu Leonore. Hrsg. von Otto Jahn. Leipzig: Breitkopf & Härtel, o. J.

Leonore, Oper von Beethoven. Vollständiger Klavier-Auszug der zweiten Bearbeitung mit den Abweichungen der ersten. Leipzig: Breitkopf & Härtel, 1851.

W. A. Mozart. Leipzig: Breitkopf & Härtel, 1856-59 [4 Bände; Nachdruck: Hildesheim 1976]; ^{2}1867 [2 Bände]; ^{3}1889-91 [H. Deiters]; ^{4}1905-07;

Neufassung des Textes von H. Abert ^{5}1919-21; ^{6}1924; ^{7}1955-56. – Schwedische Übersetzung von O. Strandberg. Stockholm 1865. – Englische Übersetzung: Life of Mozart by Otto Jahn. Translation from the German by Pauline D. Townsend. With a preface by George Grove. London 1882; ^{2}1891. Nachdruck: New York 1970.

Gesammelte Aufsätze über Musik. Leipzig: Breitkopf & Härtel, 1866; ^{2}1867.

Inhalt: 1. Erinnerung an G. Chr. Apel 2. Ueber F. Mendelssohn Bartholdy's Oratorium Paulus - Anhang I: Mendelssohns Reisebriefe S.176ff. 3. Ueber Felix Mendelssohn Bartholdy's Oratorium Elias 4. Tannhäuser, Oper von Richard Wagner 5. Die Verdammniß des Faust von Hector Berlioz 6. Hector Berlioz in Leipzig 7. Lohengrin, Oper von Richard Wagner 8. Das dreiunddreißigste niederrheinische Musikfest in Düsseldorf den 27., 28. und 29. Mai 1855 9. Das vierunddreißigste niederrheinische Musikfest in Düsseldorf den 11., 12. und 13. Mai 1856 - Anhang II [Aus dem Vorwort zum Textbuche des Musikfests] 10. Mozart - Paralipomenon 11. Leonore oder Fidelio? - Anhang III [Beethovens Billets an Friedrich Sebastian Meier - Florestans Recitativ in Beethovens erster Bearbeitung vom Jahr 1805] 12. Beethoven im Malkasten 13. Beethoven und die Ausgaben seiner Werke.

Goethes Briefe an Leipziger Freunde. Leipzig: Breitkopf & Härtel, 1849 [Ergänzungen in: Göthe in Leipzig: AMWL 1854, 1-8]; ²1867. – Englische Übersetzung: Goethe's Letters to Leipzig Friends. Ed. by Professor Otto Jahn. Translated by Robert Slater jun. London 1866.

Theodor Wilhelm Danzel, Gesammelte Aufsätze. Hrsg. von Otto Jahn. Leipzig: Dyk'sche Buchhandlung 1855 [Einleitung abgedruckt in: Biographische Aufsätze 165-220].

Ludwig Uhland. Bonn: M. Cohen, 1863.

Biographische Aufsätze. Leipzig: S. Hirzel, 1866. *Inhalt:* 1. Winckelmann – Die Bildnisse Winckelmann's 2. Gottfried Hermann 3. Ludwig Roß 4. Theodor Wilhelm Danzel 5. Mittheilungen über Ludwig Richter 6. Goethe's Jugend in Leipzig (Goethe in Leipzig - Goethe und Oeser - Shakespeare-Rede von Goethe - Noch einmal die Wertherbriefe).

Goethes Briefe an Christian Gottlob von Voigt. Leipzig: S. Hirzel, 1868.

Eduard Gerhard. Ein Lebensabriss. Berlin: Reimer, 1868 [Sonderpublikation aus: E. Gerhard, Gesammelte akademische Abhandlungen II].

Goethe und Leipzig. Leipzig ²1909; ³1910; Berlin ⁴1914 [= Biographische Aufsätze 286-372].

II. AUFSÄTZE ZUR ALTERTUMSWISSENSCHAFT

Abkürzungen: AMWL = *Allgemeine Monatsschrift für Wissenschaft und Literatur.* AZ = *Archäologische Zeitung.* AZ [DF] = *Denkmäler, Forschungen und Berichte als Fortsetzung der Archäologischen Zeitung.* AZ/AA = *Archäologischer Anzeiger zur Archäologischen Zeitung.* AbhLeipzig = *Abhandlungen der Königlich Sächsischen Gesellschaft der Wissenschaften zu Leipzig (philologisch - historische Classe).* Annali = *Annali dell'Instituto di corrispondenza archeologica.* Bullettino = *Bullettino dell'Instituto di corrispondenza archeologica.* JbbVAFrRh = *Jahrbücher des Vereins von Alterthumsfreunden im Rheinlande.* NJALZ = *Neue Jenaische Allgemeine Literatur-Zeitung.* RhM = *Rheinisches Museum für Philologie (Neue Folge).* VerhLeipzig = *Berichte über die Verhandlungen der Königlich Sächsischen Gesellschaft der Wissenschaften zu Leipzig (philologisch - historische Classe).* ZfA = *Zeitschrift für die Alterthumswissenschaft.*

1837

C. Barth's Adversaria: ZfA 4 (1837) 623f.

A. Sabinus: ZfA 4 (1837) 631f.

[Rez.] *Io. Nic. Madvig* de locis aliquot Iuvenalis explicandis disputatio altera. Kopenhagen 1837: ZfA 4 (1837) 849-854.

1838

I Bassirilievi e le iscrizioni del monumento di Marco Vergilio Eurisace: Annali 10 (1838) 231-248.

Epistola de alphabeto pelasgico. V. Cl. Richardo Lepsio salutem: Bullettino 1838, 145-154.

Beitrag zur Erklärung eines Vasengemäldes [Herakles, Hermes, Poseidon beim Fischen]: ZfA 5 (1838) 319f. [= 647f.].

Römische Alterthümer in Bern: ZfA 5 (1838) 883f.

Schreiben an Herrn Professor Orelli [zu den Persius- und Juvenal-Scholien]: ZfA 5 (1838) 1045-1052.

1839

Scavi etruschi: Bullettino 1839, 17-28.

1840

Apolline ed Ida: Bullettino 1840, 88-92 [deutsche Fassung in: Archäologische Aufsätze 46-56].

Archäologische Aehrenlese: ZfA 7 (1840) 828-832.
[*Inhalt:* I. Vasenbild mit schlüsseltragender Pythia II. Zu

den Malern der Stoa Poikile in Athen (überarbeitete Fassung in: Archäologische Aufsätze 16-21).]

[Rez.] *Gius. Arneth,* Sull'oracolo de'colombi a Dodona. Per spiegare un'antica moneta di rame degli Epiroti nel medaglione del convento S. Florian. Wien 1840: Bullettino 1840, 144.

[Rez.] *C.F. Hermann,* Specilegium annotationum ad Juvenalis satiram III. Marburg 1839: ZfA 7 (1840) 487-491.

[Rez.] *Th. Panofka,* Ueber verlegene Mythen mit Bezug auf Antiken des Königlichen Museums. Berlin 1840: ZfA 7 (1840) 1277-1280.

1841

Socrate et Diotime, Bas-relief de bronze: Annali 13 (1841) 272-295.

Locus marmoris puteolani emendatus: Bullettino 1841, 11.

De tulliis tiburtibus: Bullettino 1841, 12.

Die Gemälde des Polygnotos in der Lesche zu Delphi, in: Kieler philologische Studien. Kiel 1841, 81-154 [gleichzeitig als Sonderpublikation].

Epistola ad Virum Clarissimum G.G. Nitzsch [zu Agias von Troizen als Verfasser der Nostoi]: ZfA 8 (1841) 161-168.

Explicatio inscriptionis vasculariae: ZfA 8 (1841) 753-756.

Frontinus de aquaeductibus: ZfA 8 (1841) 969f.

Archäologische Aehrenlese: ZfA 8 (1841) 977-983. [*Inhalt:* III. Zeus Urios – Jupiter Imperator (überarbeitete Fassung in: Annali 14 [1842] 203-210. – Archäologische Aufsätze 31-45) IV. Vasenbild mit zwei Frauen und Eros.]

1842

Zeus Urios, Jupiter Imperator: Annali 14 (1842) 203-210 [Überarbeitung von: ZfA 8 (1841) 977-982. – Deutsche Fassung in: Archäologische Aufsätze 31-45].

De vaso musei borbonici judicium Paridis referente. Epistola archaeologica prima ad Aemilium Braun: Bullettino 1842, 22-29.

Archäologische Aehrenlese: ZfA 9 (1842) 884-891. [*Inhalt:* V. Zwei pompejanische Wandbilder mit Aigeus und Aithra (in Wirklichkeit Argos und Io!) VI. Die Danaiden in der Porticus des palatinischen Apollotempels (abgedruckt in: Archäologische Aufsätze 22-30).]

1843

Epistola secunda archaeologica ad V. Cl. Aemilium Braun, de vasculo quodam rubastino [Darstellung des Wettstreits des Marsyas mit Apollon]: Bullettino 1843, 38-40.

Archäologische Aehrenlese: ZfA [N.F.] 1 (1843) 220-224.

[*Inhalt:* I. Vasenbild mit Pelias, dem Sohn der Tyro, der die Sidero verfolgt II. Darstellungen lesender Jünglinge.]

[Rez.] 1. Il laberinto di Porsenna comparato coi sepolcri di Poggio-Gaiella ultimamente dissotterati nell' agro Clusino pubblicati e dichiarati dall' instituto di corrispondenza archeologica. Rom 1840. 2. Oreste stretto al parricidio dal fato. Specchio etrusco di Gius. Basseggio illustr. da *E. Braun* Rom 1841. 3. Il sacrifizio d'Ifigenia, bassorilievo d'una urna Etrusca spiegato da E. Braun. Perugia 1840: NJALZ 2 (1843) 149-152.

[Rez.] 1. Annali dell'Instituto di corrispondenza archeologica. Vol. XI, Roma 1839. Vol. XII, Roma 1841. Vol. XIII, Roma 1842. 2. Monumenti inediti pubblicati dall'instituto di corrispondenza archeologica. Vol. III, Roma 1839-41: NJALZ 2 (1843) 1161-1171.

[Rez.] *Raoul – Rochette,* Coniectures archéologiques sur le groupe antique, dont faisait partie le torse du Belvédère, précédées de considérations sur l'utilité de l'étude des médailles pour la connaissance de l'histoire de la statuaire antique. Paris 1842: ZfA [N.F.] 1 (1843) 857-862.

Verzeichnis neu herausgegebener, beschriebener und erklärter bildlicher Kunstdenkmäler: AZ 2 (1844) Beilage 3, XXV-XL.

Tabula Iliaca: AZ 2 (1844) 301f.

Iphigenia [Sarkophag im Berliner Museum]: AZ 2 (1844) 367-371.

[Rez.] Notti Napoletane dal dott. *G. Rathgeber.* Ediz. sec. (mit dem zweiten Titel: Sopra il simulacro del Mercurio sedente conservato nel R. Mus. Borb.) Gotha 1842: ZfA [N.F.] 2 (1844) 183f.

[Rez.] Ueber die Abbildungen des Demosthenes mit Beziehung auf eine antike Bronzebüste im Herzogl. Museum zu Braunschweig von Dr. *H. Schröder.* Braunschweig 1842: ZfA [N.F.] 2 (1844) 237-240.

[Rez.] Storia degli antichi vasi fittili Aretini del dott. *A. Fabroni.* Arezzo 1841: ZfA [N.F.] 2 (1844) 241-243.

[Rez.] *S. Birch,* Explanation of the myth upon a fictile vase found at Canino now in the British Museum. London 1841: ZfA [N.F.] 2 (1844) 244f.

[Rez.] *C.F. Hermanni,* prof. Marb., Lectiones Persianae. Marburg/Leipzig 1842: ZfA [N.F.] 2 (1844) 1105-1112.

Sur les représentations d'Adonis en particulier dans les peintures des vases: Annali 17 (1845) 347-386.

Entführung der Leukippiden: AZ 3 (1845) 27-30.

C. Julius Chimarus: AZ 3 (1845) 32.

Astragalos-Vase: AZ 3 (1845) 95f.

Museographisches. Nach Mittheilungen von Otto Jahn: AZ 3 (1845) 109f.

Krissäisches Relief [lesender Jüngling]: AZ 3 (1845) 200.

Verzeichnis neu herausgegebener, beschriebener und erklärter bildlicher Kunstdenkmäler: AZ 3 (1845) Beilage 6, XXV-XL [o.Verfasserangabe, lt. Inhaltsverzeichnis von O. Jahn].

Epistola archaeologica ad Aemilium Braun tertia [Marmorrelief aus Ostia mit der Entscheidung über die Waffen des Achilleus]: Bullettino 1845, 145-148.

Didaskalien: RhM 3 (1845) 140.

Palladius: RhM 3 (1845) 141.

Vita Donati: RhM 3 (1845) 146.

Fronto [zum Namen des Plautus]: RhM 3 (1845) 156.

Fragment eines Komikers (Apul. apolog. p. 329 Elm. 574s. Oud.): RhM 3 (1845) 480.

Zu Probus: RhM 3 (1845) 618-621.

Aufschriften Römischer Trinkgefäße: JbbVAFrRh 8 (1845) 105-115.

Lateinische Inschrift in Sora: Zeitschrift für die Wissenschaft der Sprache 1 (1845/46) 292-294.

Otto Jahn's Denkschrift, betreffend die Herstellung eines Corpus Inscriptionum Latinarum (Juli 1845). Veröffentlicht in: A. Harnack, Geschichte der Königlich Preußischen Akademie der Wissenschaften zu Berlin II. Berlin 1900, 505-514.

1846

Kleomenes: AZ 4 (1846) 388-390.

Epistola archaeologica quinta ad V.Cl. Aemilium Braun [Darstellungen der kalydonischen Jagd]: Bullettino 1846, 131-133 [eine *Epistola quarta* gibt es nicht, jedenfalls nicht im Bullettino].

Der raub des Palladion: Philologus 1 (1846) 46-60.

Persius V, 19f: Philologus 1 (1846) 171f.

Theodoros: Philologus 1 (1846) 179f.

Kritische und litterarische analekten: Philologus 1 (1846) 648f.

[*Inhalt:* 1. Firmicius math. 1 pr. 4 2. Apollodor 1,4,1 3. Censorinus 9,1 4. Etym. mag. 422,33 s.v. ἠθμός.]

Etruskischer Sarkophag aus Mannheim: JbbV AFrRh 9 (1846) 122-128.

Die Oktaeteris des Eudoxos: RhM 4 (1846) 477-479.

Aristophanes [fr. 341 K.–A.]: RhM 4 (1846) 638.

Über eine Vase des archäologischen Museums der Universität Leipzig [aus Ruvo, mit Perseus, Athene, Hermes, Satyr, Epheben]: VerhLeipzig 1846/47, 287-298.

Über Lykoreus: VerhLeipzig 1846/47, 416-430.

1847

Prométhée: Annali 19 (1847) 306-324.

Medeia. Vasenbild aus Canosa: AZ 5 (1847) 33-42.

Kallimorphos: AZ 5 (1847) 63f.

Odysseus und Helena: AZ 5 (1847) 127f.

Die Askolien: AZ 5 (1847) 129-135.

Peisianax: AZ 5 (1847) 175f.

Opferhaken: AZ 5 (1847) 189-191.

Das Monument zu Igel: JbbVAFrRh 11 (1847) 63-66.

Lettre à M. Hase sur des antiques du Musée du Louvre: Revue Archéologique 4 (1847/48) 460-464.

1848

Ifigenia ed Oreste: Annali 20 (1848) 203-218.

Athene Parthenos: AZ 6 (1848) 239.

Midas-Herme: AZ 6 (1848) 239f.

Thonpuppen: AZ 6 (1848) 240.

Dodonischer Zeus: AZ 6 (1848) 303.

Medea und Aethra: AZ 6 (1848) 317.

Aufschriften Römischer Trinkgefäße: JbbVAFrRh 13 (1848) 105-115.

Cicero Philipp. II, 13, 31: Philologus 3 (1848) 168.

Medeia und die Boreaden: RhM 6 (1848) 295-299.

Zu Athenäus [5.199C]: RhM 6 (1848) 476f.

Zu Philoxenus Gloss.: RhM 6 (1848) 477.

Zu Seneca [controv. 10,1,6; 10,2,11; exc. 5,8; 8,2]: RhM 6 (1848) 477f.

Zu Servius [Verg. Aen. 1,533]: RhM 6 (1848) 478f.

Zu den Horazischen Scholiasten: RhM 6 (1848) 589f.

Zu Censorinus: RhM 6 (1848) 635f.

Über zwei zu Athen gefundene Bildwerke von Marmor: VerhLeipzig 1848, 41-53.

Über ein griechisches Terracottarelief [kalydonische Jagd]: VerhLeipzig 1848, 123-131.

Über das Wesen und die wichtigsten Aufgaben der archäologischen Studien: VerhLeipzig 1848, 209-226.

[Rez.] 1. Antike Marmorwerke zum ersten Male bekannt gemacht von *Emil Braun*. Erste und zweite Decade. Leipzig 1843. 2. Zwölf Basreliefs griechischer Erfindung aus Palazzo Spada, dem capitolinischen Museum und Villa Albani, herausgegeben durch das Institut für archäologische Correspondenz. Rom 1845: NJALZ 7 (1848) 1005-1010.

1849

Die Heilung des Telephos: AZ 7 [DF 1] (1849) 81-84.

Archaische Reliefs: 1. Orestes-Relief aus Ariccia. 2. Agonistisches aus Athen: AZ 7 [DF 1] (1849) 113-120.

Über einige Darstellungen des Parisurtheiles: Verh Leipzig 1849, 55-69.

Über ein Sarkophagrelief im Museo Borbonico [Prometheusmythos]: VerhLeipzig 1849, 158-172.

1850

Kasten des Kypselos: AZ 8 [DF 2] (1850) 191f.

Pseliumene: AZ 8 [DF 2] (1850) 192.

Armbänder: AZ 8 [DF 2] (1850) 205f.

Venus, Adonis, Myrrha: AZ 8 [DF 2] (1850) 206f.

Stieropfernde Nike: AZ 8 [DF 2] (1850) 207f.

Pannychis: AZ 8 [DF 2] (1850) 239f.

Über die ephesischen Amazonenstatuen: Verh Leipzig 1850, 32-57.

Über die Kunsturtheile bei Plinius: VerhLeipzig 1850, 105-142.

Über einige alte Kunstwerke, welche Paris und Helena vorstellen: VerhLeipzig 1850, 176-187.

Über eine metrische Inschrift [aus Kasarin (Tunesien)]: VerhLeipzig 1850, 187-195.

Über römische Encyclopädien: VerhLeipzig 1850, 263-287.

1851

Perseo: Annali 23 (1851) 167-176.

Prometeo ed Hera: Annali 23 (1851) 279-289 [mit einem *Postscriptum dell'Editore* (E. Braun)].

Über die puteolanische Basis: VerhLeipzig 1851, 119-151.

Über einige auf Eros und Psyche bezügliche Kunstwerke: VerhLeipzig 1851, 153-179.

Über die Subscriptionen in den Handschriften römischer Classiker: VerhLeipzig 1851, 327-372.

1852

Musaios, allievo delle Muse: Annali 24 (1852) 198-206.

Miscellanei archeologici dal codice Pighiano della R. Biblioteca di Berlino: Annali 24 (1852) 206-216.

Damokleidas: AZ 10 [DF 4] (1852) 413.

Zur Kodros-Schale: AZ 10 [DF 4] (1852) 413f.

ΛΩΤΗΝ ΤΥΡΙΖΟΙ: AZ 10 [DF 4] (1852) 414f.

ΚΑΛΟΝΕΙ: AZ 10 [DF 4] (1852) 415.

Schola Medicorum: AZ 10 [DF 4] (1852) 415f.

Alpheios oder Acis: AZ 10 [DF 4] (1852) 416.

Wettreiter: AZ 10 [DF 4] (1852) 464.

Telephos: AZ 10 [DF 4] (1852) 479f.

Über einige antike Kunstwerke, welche Leda darstellen: VerhLeipzig 1852, 47-64.

1853

Ueber ein antikes Gemälde im Besitze des Malers Ch. Ross in München: AMWL 1853, 531-539.

Antiope und Dirke: AZ 11 [DF 5] (1853) 65-105.

Tyro, Pelias, Neleus: AZ 11 [DF 5] (1853) 126-128.

Ukalegon: AZ 11 [DF 5] (1853) 128.

Diomede: AZ 11 [DF 5] (1853) 143f.

Telephos und Auge: AZ 11 [DF 5] (1853) 145-148.

Ares und Hephästos: AZ 11 [DF 5] (1853) 167f.

ΘΕΡΥΤΑΙ, ΝΕΚΑΥΛΟΣ: AZ 11 [DF 5] (1853) 168.

Badeknecht: AZ 11 [DF 5] (1853) 171.

Corycus: AZ 11 [DF 5] (1853) 171f.

Über ein griechisches Terracottagefäss des archaeologischen Museums in Jena [Leda]: VerhLeipzig 1853, 14-21.

Über einige Vasenbilder, welche sich auf die Sage vom Zug der Sieben gegen Theben beziehen: Verh Leipzig 1853, 21-32.

Über ein antikes Mosaikbild [Darstellung des Kairos]: VerhLeipzig 1853, 49-59.

Über einige Abenteuer des Herakles auf Vasenbildern: VerhLeipzig 1853, 135-150.

1854

Die Bildnisse Winckelmanns: AMWL 1854, 428-437 [abgedruckt in: Biographische Aufsätze 70-88].

Walker- und Müllerfeste: AZ 12 [DF 6] (1854) 191f.

Kairos: AZ 12 [DF 6] (1854) 203f.

Dolomedes: AZ 12 [DF 6] (1854) 208.

Andromeda: AZ 12 [DF 6] (1854) 220.

Merope: AZ 12 [DF 6] (1854) 225-238.

Tydeus und Lykurg: AZ 12 [DF 6] (1854) 241-245.

Das k. k. Antikenkabinet zu Wien: AZ/AA 12 (1854) 443-455.

Zu Plinius [n.h. 34, 55. 66. 79. 84]: RhM 9 (1854) 315-320.

Vermischtes: RhM 9 (1854) 625-630.
[*Inhalt:* 1. Servius zu Verg. Aen. 4,694 2. Tullius Geminus 3. AP 9,110 4. Der Grammatiker Claranus 5. Ein Statius-Zitat bei G. Valla 6. Schol. Stat. Theb. 4, 482 7. Zum Periegeten (?) Aristides 8. Zu Hesysch 9. Diomedes *de poematis generibus* über die Satura.]

Über ein Vasenbild, welches eine Töpferei vorstellt: VerhLeipzig 1854, 27-49.

Über ein Vasenbild, welches Odysseus und Iros vorstellt: VerhLeipzig 1854, 49-52.

Über ein Marmorrelief der Glyptothek in München [Nereidenfries mit Poseidon und Amphitrite]: VerhLeipzig 1854, 160-194.

Ein Vasenbild der Münchner Sammlung [schaukelnder Eros mit Paidiá]: VerhLeipzig 1854, 243-270.

Persische Artemis. Mit 3 Tafeln. 1854. 4° [Sonderdruck = Nr. 2390 des Versteigerungskatalogs der Jahnschen Bibliothek, 4. Abt. (Archäologie) 85].

1855

Ueber einige Vasen der Wiener Sammlung mit scenischen Vorstellungen. AZ 13 [DF 7] (1855) 53-57.

Dionysos als scenischer und Musengott: AZ 13 [DF 7] (1855) 145-153.

Über den Aberglauben des bösen Blicks bei den Alten: VerhLeipzig 1855, 28-110.

Ein pompejanisches, den Herakles bei der Omphale darstellendes Wandgemälde: VerhLeipzig 1855, 215-242.

1856

Varro's Imagines: AZ 14 [DF 8] (1856) 219-221.

Troilos: AZ 14 [DF 8] (1856) 225-238.

Lino e Museo: Monumenti ed Annali pubblicati dall'Instituto di corrispondenza archeologica 1856, 95-97.

Gnostische Inschrift in Arolsen: RhM 10 (1856) 617-619.

Darstellungen der Unterwelt auf römischen Sarkophagen: VerhLeipzig 1856, 267-284.

Kleine Beiträge zur Geschichte der alten Litteratur: VerhLeipzig 1856, 284-303.

[*Inhalt:* 1. Apollodor, Parrhasios und Zeuxis im Spiegel gegenseitiger Urteile 2. Die Accius-Anekdote bei Valerius Maximus 3, 7, 11 3. Die Praetexta *Paulus* des Pacuvius 4. Zu Attilius Labeo als angeblichem Homerübersetzer.]

1857

Die Wandgemälde des Columbariums in der Villa Pamfili mit Erläuterungen: Abh. d. kgl. bayerischen Akademie d. Wissenschaften (philos.-philol. Cl.) 1857, 231-284.

Riti bacchici. Vaso del Museo Campana: Annali 29 (1857) 123-128.

Paidia ed Himeros: Annali 29 (1857) 129-141.

Telephos: AZ 15 [DF 9] (1857) 89-94.

Peleus und Thetis – Eos und Kephalos: AZ 15 [DF 9] (1857) 94-96.

Scherben bemalter Vasen aus Athen [Jena Maler]: AZ 15 [DF 9] (1857) 105-109.

Eine auf einem Thongefäss befindliche lateinische Inschrift: VerhLeipzig 1857, 191-205.

1858

Il ratto del Palladio: Annali 30 (1858) 228-264.

Achilleus auf Skyros: AZ 16 [DF 10] (1858) 157-160.

Prometheus: AZ 16 [DF 10] (1858) 165-170.

Die Anwesenheit des Dionysos auf der Archemorosvase: AZ 16 [DF 10] (1858) 191f.

Frauen mit und auf Schwänen. Leda, Aphrodite, Kyrene: AZ 16 [DF 10] (1858) 229-244.

Miscellen zur Geschichte der alten Kunst: Verh Leipzig 1858, 99-116.

[*Inhalt:* 1. Kypseloslade 2. Der angebliche Diebstahl des Gorgoneion von einer der Athenestatuen der Akropolis 3. Zu *cliduchus* / κλῃδοῦχος (Plinius n.h. 34,54) als angeblicher Bezeichnung einer Athenestatue des Phidias 4. Zenodoros' Kolossalstatue des Nero.]

1859

Die Heilgötter: Annalen des Vereins für Nassauische Alterthumskunde und Geschichtsforschung 6 (1859) 1-11 [vgl. unten AZ 25 (1867) 71].

Sarcofago della galleria Corsini a Roma: Annali 31 (1859) 27-32.

Herakles und Auge: AZ 17 [DF 11] (1859) 61-64.

Bedeutung und Stellung der Alterthumsstudien in Deutschland: Preußische Jahrbücher 4 (1859) 494-515 [Sonderpublikation Berlin: Reimer, 1859. – Französische Übersetzung in: Revue Germanique 12 (1860) 168-194. – Überarbeitete Fassung in: Aus der Alterthumswissenschaft 1-50].

Priapos: JbbVAFrRh 27 (1859) 45-62.

1860

Riti bacchici e combattimento di Centauri, pitture d'un vaso della Magna Grecia: Annali 32 (1860) 5-22.

1. Die Dareiosvase. 2. Der Tod des Aigisthos: AZ 18 [DF 12] (1860) 41-44.

Argonautenbilder u. a. m. Ruveser Prachtamphora der Vasensammlung König Ludwigs in München: AZ 18 [DF 12] (1860) 73-92.

Dionysos, Ariadne und Hypnos: AZ 18 [DF 12] (1860) 97-100.

Neptunische Mosaike: AZ 18 [DF 12] (1860) 113-123.

Hermes mit dem Kind Ion: AZ 18 [DF 12] (1860) 127f.

Diana von Bertrich: JbbVAFrRh 29/30 (1860) 78-82.

Du rôle et de l'importance des études philologiques en Allemagne: Revue Germanique 12 (1860) 168-194 [vgl. unter *1859*].

1861

Über Darstellungen griechischer Dichter auf Vasenbildern: AbhLeipzig 1861, 697-760.

Beschäftigungen des täglichen Lebens: AZ 19 [DF 13] (1861) 145-156.

Herakles und Syleus: AZ 19 [DF 13] (1861) 157-163.

Kinderspiele: AZ 19 [DF 13] (1861) 204-207.

Intorno alcune notizie archeologiche conservateci da Ciriaco di Ancona: Bullettino 1861, 180-192 [überarbeitete Fassung in: Aus der Alterthumswissenschaft 333-352].

Einige antike Gruppen, welche Orestes und Elektra darstellen: VerhLeipzig 1861, 100-132.

Darstellungen antiker Reliefs, welche sich auf Handwerk und Handelsverkehr beziehen: VerhLeipzig 1861, 291-374.

1862

Riti bacchici: Annali 34 (1862) 67-74.

Phrixos opfernd: AZ [DF] 20 (1862) 306f.

Caelius Vibenna und Mastarna: AZ [DF] 20 (1862) 307-309.

Herakles und Acheloos: AZ [DF] 20 (1862) 313-327. 329-331.

1863

Gigantomachia, dipinto vasculare Ceretano: Annali 35 (1863) 243-255.

Zu römischen Sarkophagreliefs: AZ 21 [DF 15] (1863) 27-30.

Achilleus und Troilos, Vasenbild aus Kleonai: AZ 21 [DF 15] (1863) 57-66.

Der Apollo von Belvedere: AZ 21 [DF 15] (1863) 66-69.

Römische Gräber in Gelsdorf: JbbVAFrRh 33/34 (1863) 224-232.

Der Hirtenknabe. Römische Bronzefigur: JbbVAFrRh 33/34 (1863) 233-235.

Römische Alterthümer in Flamersheim: JbbVAFrRh 33/34 (1863) 236-243.

1864

Ercole combattente le Amazzoni: Annali 36 (1864) 239-246.

Zum attischen Taurobolienaltar: AZ 22 [DF 16] (1864) 132f.

Sculpturen aus Kypros: AZ 22 [DF 16] (1864) 173-176.

Elementargottheiten auf einem florentinischen und karthagischen Relief: AZ 22 [DF 16] (1864) 177-185.

1865

Kirke: AZ 23 [DF 17] (1865) 17-21.

Theseus, Skiron und Sinis. Münchener Vasenbild: AZ 23 [DF 17] (1865) 21-31.

Ledareliefs in Spanien: AZ 23 [DF 17] (1865) 49-56.

Giove Polieo in Atene: Nuove Memorie [Memorie II] dell'Instituto di corrispondenza archeologica. Leipzig 1865, 3-24.

1866

Giocatrici a morra: Annali 38 (1866) 326-329.

Achilleus' Bahre?: AZ 24 [DF 18] (1866) 200.

Schiffskämpfe auf Reliefs: AZ 24 [DF 18] (1866) 217-224.

Jason und Medea auf Sarkophagreliefs: AZ 24 [DF 18] (1866) 233-248.

Polykleitos' Kanephoren: AZ 24 [DF 18] (1866) 253f.

De loco Platonis disputatio: [symp. 194 ab]: Index Scholarum [Bonn, SS 1866] III-XII.

Frisso: Annali 39 (1867) 88-92.

Periboia – Unterwelt: AZ 25 [DF 19] (1867) 33-45.

Medeia auf unteritalischen Vasenbildern: AZ 25 [DF 19] (1867) 57-64.

Eumelis: AZ 25 [DF 19] (1867) 67f.

Perophatta: AZ 25 [DF 19] (1867) 68.

Der Dreifussraub auf der Dresdener Basis: AZ 25 [DF 19] (1867) 68-70.

Alkibiades' Porträt: AZ 25 [DF 19] (1867) 70f.

Knochenrelief in Wiesbaden: AZ 25 [DF 19] (1867) 71 [Zeus und die Heilgötter (vgl. unter *1859*) als Fälschung erwiesen].

Scenische Vorstellungen. Silberplatte im Collegio Romano: AZ 25 [DF 19] (1867) 73-78.

Bacchischer Hermendienst. Silberbecher von Vicarello: AZ 25 [DF 19] (1867) 78-82.

Xuthos in Delphi: AZ 25 [DF 19] (1867) 83f.

Paris und Helena: AZ 25 [DF 19] (1867) 84f.

Wachsköpfe aus Cumae: AZ 25 [DF 19] (1867) 85f.

Homerische Scenen: AZ 25 [DF 19] (1867) 87f.

Restaurirtes Vasenbild: AZ 25 [DF 19] (1867) 104.

Meleagros und Tydeus: AZ 25 [DF 19] (1867) 120.

Kyprisches Idol: AZ 25 [DF 19] (1867) 123f.

Cyriacus von Ancona und Albrecht Dürer: Die Grenzboten 26 (1867. III) 1-12 [abgedruckt in: Aus der Alterthumswissenschaft 333-352].

Eine antike Dorfgeschichte [Dion or. VII]: Die Grenzboten 26 (1867. III) 361-377 [abgedruckt in: Aus der Alterthumswissenschaft 51-74].

Der Apoll von Belvedere: Die Grenzboten 26 (1867. IV) 41-49 [abgedruckt in: Aus der Alterthumswissenschaft 265-282].

Novelletten aus Apulejus: Die Grenzboten 26 (1867. IV) 445-468 [abgedruckt in: Aus der Alterthumswissenschaft 75-114].

Satura: Hermes 2 (1867) 225-251.
[*Inhalt:* 1. Livius 7,2 2. Der Chor in der römischen Tragödie 3. Der *Dulorestes* des Pacuvius 4. Velleius 2,9,5 5. Varro *de rebus urbanis* 6. Zu den *Silloi* des Timon 7. Aristot. poet. 1. 1447b9-11 8. Auctor de subl. 36,3 9. Das Argumentum zu Theokrit id. 2 10. Catull c. 29 11. Cicero Tusc. 1,34 12. Ennius' Grabepigramm und Horaz c. 2,20 13. Krinagoras AP 16,40 14. Varro de ling. Lat. 5,7f. 15. Macrobius Sat. 2,4,12 16. Pli-

nius n.h. 35,69 17. Schol. Eurip. Andr. 224 18. Kallimachos fr. 307 (587 Pf.) 19. Eurip. Hipp. 29ff. 20. Eurip. Hipp. 208ff.]

Wie wurden die Oden des Horatius vorgetragen?: Hermes 2 (1867) 418-433.

Variarum lectionum fasciculus: Philologus 26 (1867) 1-17.
[*Inhalt:* 1. AP 6,260 2. AP 7,379. 714 3. Athenaios 5. 202C 4. Athenaios 13.557B 5. Athenaios 14.631D 6. Demosthenes Mid. 106.103.112.129 7. Dionys. Hal. Dinarch. 1 8. Diog. Laert. 1,72 9. Etym. m. 690,33 10. Eurip. El. 1124ff. 11. Lukian dial. mar. 6,3 12. Pausanias 1,39,3 13. Plutarch Sulla 33 14. Proklos chrest. 54 (II 47 Sev.) 15. Schol. Eurip. Phoen. 682 16. Schol. Hom. Od. 10,493 (Pherekydes FGrHist 3 F 92) 17. Schol. Soph. Ai. 17 18. Anth. Lat. CLE 412 19. Apul. met. 4,32 20. Apul. met. 5,4 21. Apul. met. 5,5 22. Apul. flor. 16. 62 23. Apul. flor. 16.76 24. Apul. de dogm. Plat. 1,1 25. Apul. de dogm. Plat. 1,4 26. Cassiod. de inst. div. script. 1,8 27. Diomedes III p.490 K. 28. Firmic. math. 3,7,12 29. Gellius 5,18,8 30. Juvenal 7,124f. 150f. 31. Mart. Cap. 9,942 32. Plin. n.h. 35,151 33. Plin. n.h. 18,12 34. Plin. n.h. 33,111 35. Plin. n.h. 35,27 36. Plin. n.h. 35,199 37. Quint. inst. or. 8,5,26 38. Schol. Bob. Cic. pro Sest. 126 39. Seneca contr. exc. 4 pr. 3 40. Servius Verg. Aen. 1,8 41. Servius Verg. Aen. 2,325 42. Servius Verg. Aen. 6,21 43. Servius Verg. Aen. 5,735 44. Sueton Nero 39,3

45. Vitruv 7,5,1 46. AP 9,184,3f. 47. Schol. Aristoph. Ach. 720 48. Eurip. El. 251.]

Kottabos auf vasenbildern: Philologus 26 (1867) 201-240.

Darstellungen des Handwerks und Handelsverkehrs auf Vasenbildern: VerhLeipzig 1867, 75-119 [mit einem Nachtrag von A. Michaelis: Polychromie der Grabstelen].

1868

Über Darstellungen des Handwerks und Handelsverkehrs auf antiken Wandgemälden: AbhLeipzig 1868, 263-318.

Höfische Kunst und Poesie unter Augustus. Eine Kaiserstatue: Die Grenzboten 27 (1868. I) 81-98 [abgedruckt in: Aus der Alterthumswissenschaft 283-304].

Die Polychromie der alten Sculptur: Die Grenzboten 27 (1868. I) 82ff. [(a.a.O. nicht nachweisbar) überarbeitete Fassung in: Aus der Alterthumswissenschaft 245-264].

Bildungsgang eines Gelehrten am Ausgang des 15. Jahrhunderts: Die Grenzboten 27 (1868. I) 481-493 [abgedruckt in: Aus der Alterthumswissenschaft 403-420].

Die Restitution verlorner Kunstwerke für die Kunstgeschichte: Die Grenzboten 27 (1868. II) 81-106 [abgedruckt in: Aus der Alterthumswissenschaft 183-218].

Die griechischen bemalten Vasen: Die Grenzboten 27 (1868. II) 481-499 [abgedruckt in: Aus der Alterthumswissenschaft 305-332].

Die alte Kunst und die Mode: Die Grenzboten 27 (1868. III) 161-179 [abgedruckt in: Aus der Alterthumswissenschaft 219-244].

Perseus, Herakles, Satyrn auf vasenbildern und das satyrdrama: Philologus 27 (1868) 1-27.

Über die Zeichnungen antiker Monumente im Codex Pighianus: VerhLeipzig 1868, 161-235.

1869

La Gigantomachia: Annali 41 (1869) 176-191.

Achilleus und Polyxena: AZ 27 (1869) 1-7.

Apollon Aigiochos: AZ 27 (1869) 31.

Eros und Psyche: AZ 27 (1869) 51-53.

Satura: Hermes 3 (1869) 175-192.
[*Inhalt:* 21. Soph. Aias 835ff. 22. Die Personenverteilung im Prolog der *Ekklesiazusen* 23. Servius zu Verg. Ecl. 8,68 24. Zum ehernen Stier auf der Akropolis (Lucilius 388 M.) 25. Horaz c. 1,12,19ff. 26. Horaz c. 1,15, 16ff. 27. Horaz c. 1,10 28. Plinius n.h. 35,4 29. Weib-

liche Kosenamen im Lateinischen 30. Aristarchos Teg. TrGF 14 F 4 / Chairemon TrGF 71 F 3 Sn.–K. 31. Zur Kypseloslade.]

Die Cista Mystica: Hermes 3 (1869) 317-334.

Variarum lectionum fasciculus alter: Philologus 28 (1869) 1-10.

[*Inhalt:* 49. Alkiphron 3,46,4 50. AP 16,111 51. AP 16,239 52. AP 16,262 53. AP app. 164,4ff. 54. AP 6,51,5 55. AP 5,195 56. AP 7,396 57. AP app. 171 58. Cassius Dio 53,20 59. Dion or. 32,27 60. Diog. Laert. 1,89 61. Dionys. Hal. ep. ad Pomp. 5 62. Eurip. Cycl. 19 63. Eurip. El. 1244ff. 64. Libanios IV p. 1113 Reiske 65. Pausanias 8,9,1 66. Schol. Hom. Il. 22,351b (V 333 E.) 67. Schol. Theocr. 1,4 68. Schol. Theocr. 2,36 69. Soph. OR 715 70. Suda s.v. Λυκόφρων 71. Theokrit 16,60ff. 72. Theokrit ep. 4 73. Theophrast char. 16,8 74. Thukydides 1,26,4 75. Fronto epp. ad M. Antoninum 1,1 76. Gellius 4,5 77. Juvenal 11,145ff. 78. Plin. n.h. 35,27 79. Plin. n.h. 34,56 80. Plin. n.h. 35,71f. 81. Plin. n.h. 35,79 82. Plin. n.h. 35,87 83. Seneca ad Marc. de cons. 16,2 84. Servius Verg. ecl. 6,48 85. Servius Verg. Aen. 7,153 86. Spartianus Hadr. 20,2 87. Sueton *vita Horatii* 88. Tertullian apol. 19,3 89. Tertullian ad nat. 2,14,13 90. Vitruv 7 pr. 9 91. Vopiscus Aurel. 49.]

Ein römisches Deckengemälde des codex Pighianus: VerhLeipzig 1869, 1-38.

III. BRIEFE

R. Kekulé, Das Leben Friedrich Gottlieb Welcker's. Leipzig 1880, 402-404. 408-410. 414-421 [aus Welckers Briefen an Jahn].

A. Ludwich (Hrsg.), Ausgewählte Briefe von und an Chr. A. Lobeck und Karl Lehrs. Leipzig 1894, 557-558 [Jahns Brief an Lehrs vom 15. März 1852].

A. Harnack, Geschichte der Königlich Preußischen Akademie der Wissenschaften zu Berlin II. Berlin 1900, 515-517 [Otto Jahn's Brief an den Staatsminister von Savigny über die Ausführung eines Corpus Inscriptionum Latinarum (24. August 1845)].

E. Petersen (Hrsg.), Otto Jahn in seinen Briefen. Leipzig 1913 [zitiert: *Briefe*].

E. Speyer (Hrsg.), in: E. Sp., Wilhelm Speyer der Liederkomponist [1790-1878]. München 1925, 351-365 [Jahns Briefe an Speyer].

L. Wickert (Hrsg.), Theodor Mommsen – Otto Jahn. Briefwechsel 1842-1868. Frankfurt/M. 1962 [zitiert: *Briefwechsel*].

B. Rink – R. Witte (Hrsg.), Einundzwanzig wiedergefundene Briefe Mommsens an Jahn: Philologus 127 (1983) 262-283.

Literatur über Otto Jahn
(in Auswahl)

Th. Mommsen, Otto Jahn: Archäologische Zeitung 27 (1869) 95f. [= Reden und Aufsätze. Berlin 1905, 458-461 = Briefwechsel 362-364].

A. Springer, Otto Jahn: Die Grenzboten 28 (1869. IV) 201-213.

J. Vahlen, Otto Jahn: Almanach d. Kaiserl. Akad. d. Wiss. Wien 20 (1870) 117-138.

H. Deiters, Otto Jahn: Allgemeine Musikalische Zeitung 5 (1870) 217-219. 225-228.

K. Halm, Otto Jahn: Sb. kgl. bayer. Akad. Wiss. (I. Cl.) 1870, 393-402.

Otto Jahn's Bibliothek. Versteigerungskatalog von J. Baer (Frankfurt), M. Cohen & Sohn, M. Lempertz (Bonn). Bonn 1870 [I. Griechische und Römische Classiker II. Musikalische Bibliothek und Musikaliensammlung III. Deutsche Litteratur und Kunst (Goethesammlung) IV. Archäologie V. Philologische Hülfswissenschaften, Gelehrten-Geschichte, Briefsammlungen].

A. Michaelis, Otto Jahn: Allgemeine Deutsche Biographie 13 (1881) 668-686.

C. Bursian, Geschichte der classischen Philologie in Deutschland. München-Leipzig 1883, 1070-1080.

Klaus Groth, Lebenserinnerungen. Kiel-Leipzig 1891, 89-103.

A. Springer, Aus meinem Leben. Berlin 1892, 256-261.

O. Crusius, Erwin Rohde. Tübingen-Leipzig 1902, 9-11.

J. Pulver, Otto Jahn, in: The Musical Times 1913, 237-238.

A. Michaelis – E. Petersen, Otto Jahns Leben, in: E.P., Otto Jahn in seinen Briefen. Leipzig 1913, 1-52.

U. v. Wilamowitz-Moellendorff, Erinnerungen. Leipzig ²1929, 84-87.

A.H. King, Jahn and the Future of Mozart Biography, in: Mozart in Retrospect. London 1955 (Oxford ³1979), 66-77.

A. Henseler, Das musikalische Bonn im 19. Jahrhundert: Bonner Geschichtsblätter 13 (1959) 259-265.

P.E. Hübinger, Heinrich v. Sybel und der Bonner Philologenkrieg: HistJb 83 (1964) 162-216.

L. Wickert, Theodor Mommsen, I-IV. Frankfurt/ M. 1959/80.

E. Langlotz, Otto Jahn, in: 150 Jahre Rheinische Friedrich-Wilhelms-Universität. Bonner Gelehrte (Philosophie und Altertumswissenschaften). Bonn 1968, 221-226.

G. Luck, Otto Jahn, ebd. 144-164.

M. Privat, Otto Jahn, in: Schleswig-Holsteinisches Biographisches Lexikon III. Neumünster 1974, 163-167.

Dieselbe, Otto Jahn, in: Neue Deutsche Biographie 10 (1974) 304-306.

G. Gruber, Die Mozart-Forschung im 19. Jahrhundert: Mozart-Jahrbuch 1980/83, 10-17.

W.M. Calder III, Why did Wilamowitz leave Bonn?: RhM 130 (1987) 366-384.

C.W. Müller, Otto Jahns Porträt im Bonner Philologischen Seminar: RhM 132 (1989) 223f.

W.M. Calder III, H. Cancik, B. Kytzler (Hrsg.), Otto Jahn (1813-1869). Ein Geisteswissenschaftler zwischen Klassizismus und Historismus [Beiträge eines Kolloquiums der Reimers-Stiftung. Bad Homburg v.d.H. 1988, erscheint Stuttgart 1991].